AF391566

NOTIONS DE COSMOGRAPHIE.

NOTIONS

DE

COSMOGRAPHIE

PAR

J.-C. PASCAL

PROFESSEUR DE MATHÉMATIQUES

Auteur de divers ouvrages élémentaires approuvés par le Conseil
supérieur de l'Instruction publique.

<hr>

PARIS

DEZOBRY, E. MAGDELEINE ET Cᵉ, LIBRAIRES

rue des Ecoles, 78

—

1860-1861

1860

Carpentras. — Impr. de E. ROLLAND, successeur de L. Devillario.

AVIS.

Un Membre de l'Institut a dit : *L'étude de la cosmographie pénétrera dans les écoles primaires dès que la librairie sera en possession d'un ouvrage élémentaire convenable.*

Cette opinion s'est répandue dans les institutions à divers degrés pour les deux sexes, puisqu'on voit figurer l'astronomie dans la plupart des programmes que les maisons d'éducation s'efforcent, à l'envi, de perfectionner chaque année.

On a compris que la vulgarisation des connaissances humaines est devenue un besoin, aujourd'hui que la science emporte les arts et l'industrie sur les ailes rapides du progrès.

Chacun est donc obligé de seconder cet élan dans la mesure de ses forces ; et, pour fournir notre contingent, nous venons essayer de combler la lacune signalée, en publiant ces *Notions de Cosmographie.*

Cet ouvrage est un résumé des *Éléménts de Cosmographie* que nous avons édités, l'autre année, pour l'enseignement secondaire, et il est calqué sur le même plan. Les éloges flatteurs que nous ont valu notre méthode et nos tableaux uranographiques, de la part de professeurs éminents, nous font espérer que cette nouvelle publication sera favorablement accueillie.

Nous avons, d'ailleurs, redoublé d'efforts pour allier la clarté à la concision, qualités indispensables à tout ouvrage élémentaire.

COSMOGRAPHIE.

INTRODUCTION.

L'astronomie, ou la science des astres, a pour objet l'étude de la constitution matérielle de l'univers.

On appelle *astres* les corps célestes qui brillent d'un éclat durable, comme le soleil, la lune, les étoiles et les comètes.

L'espace dans lequel se meuvent les astres porte le nom de *ciel* ou de *firmament*.

Pour désigner l'ensemble de la création, on emploie les expressions *univers* ou *monde*, indifféremment.

De tout temps les phénomènes célestes ont attiré l'attention générale, et l'astronomie est contemporaine de l'humanité ; mais il s'est accumulé bien des siècles avant que les notions acquises pussent mériter le nom de science. Les peuples anciens, dénués de ressources pour pénétrer les secrets de cette mécanique divine, furent réduits à imaginer une foule de systèmes plus ou moins bizarres.

La lumière se fit pourtant peu à peu ; mais ce n'est qu'au XVIᵉ siècle de notre ère, alors que l'invention des lunettes et des télescopes permit aux observateurs d'explorer la profondeur des cieux, que l'astronomie fut assise sur ses bases véritables. Dès cet instant ses progrès furent rapides, et, de nos jours, les travaux de nos illustres maîtres ont élevé la science des astres jusqu'aux plus sublimes conceptions.

Cette vaste branche des connaissances humaines se subdivise actuellement en deux parties bien distinctes : *l'Astronomie transcendante* et *l'Astronomie populaire* ou *Cosmographie.*

La première, exclusivement réservée aux savants qui ont le bonheur d'habiter les observatoires, s'occupe à déterminer la nature intime des astres, les lois qui les régissent et toutes les circonstances de leurs évolutions.

La seconde descend à la portée des intelligences vulgaires, et se borne à enregistrer les découvertes et les calculs de nos habiles opérateurs.

La Cosmographie est donc pour nous *l'exposition générale du système du monde, tel que la science actuelle l'admet, et l'explication des phénomènes célestes qui règlent le temps, les saisons et les actes de la vie sociale.*

Les faits astronomiques frappent tous les yeux, et on ne peut qu'en être vivement impressionné. Comment, en effet, rester froid au spectacle imposant qui se renouvelle sans cesse dans la succession périodique des jours et des nuits ?

Voyez, au matin, l'astre radieux enflammer l'horizon et l'enluminer des plus admirables nuances ! Après avoir surgi à l'*est*, son disque éblouissant s'élève jusqu'à midi pour briller sur nos têtes, descend ensuite vers l'*ouest*, et va se noyer le soir à travers les écueils factices des masses nuageuses,

C'est ensuite la cohorte mystérieuse des étoiles : les plus belles d'abord percent çà et là le crépuscule, et bientôt la voûte azurée s'avive d'un million de diamants dont la scintillation confond l'intelligence.

Par intervalles, un autre disque, aux pâles couleurs, vient mitiger les ténèbres de la nuit et parodier l'astre du jour ; mais, impuissant à effacer les étoiles et à vaincre le moindre nuage, il ne réussit qu'à plonger l'âme dans une douce mélancolie.

Ce tableau fait place, à son tour, aux teintes argentées de l'aurore, et la nature, un instant assoupie, reprend le mouvement et la gaîté à l'approche d'un jour nouveau.

Toutes ces merveilles excitent l'admiration, provoquent le recueillement, et forcent notre néant à se prosterner devant la puissance infinie du Créateur ; en même temps elles piquent notre curiosité et nous donnent un vif désir de les comprendre.

Nous allons initier les élèves dans la connaissance de ces phénomènes, et les y introduire par la voie qui nous a paru la plus accessible.

1 *

LIVRE PREMIER.

DE LA SPHÈRE CÉLESTE.

§ Ier. ROTATION APPARENTE DU FIRMAMENT.

Sommaire. — Pôle et étoile polaire. — Étoiles circompolaires. — Culmination. — Plan méridien. — Pôles et axe du monde. — Équateur méridien et parallèles célestes. — Ascensions droites et déclinaisons. — Jour sidéral.

1. Au premier aspect, le ciel apparaît comme un dôme immense qui recouvrirait la terre en s'appuyant sur cette limite factice qu'on nomme l'*horizon*. Cette apparence s'évanouit bientôt en voyage : quand on se déplace, on ne tarde pas à reconnaître que l'horizon se déplace aussi, et, arrivé au sommet de la colline qui semblait tout à l'heure supporter le ciel, on découvre d'autres éminences plus éloignées qui reproduisent la même illusion.

On pourrait croire encore, la nuit, que le firmament est une voûte solide à laquelle les étoiles sont clouées; mais cette autre apparence ne résiste pas mieux à l'examen que la précédente, si l'on étudie les faits.

Quand on se place immobile, la nuit, dans un lieu découvert, à portée d'un objet qui puisse servir de repère, tel que le sommet d'un édifice, et qu'on fixe les étoiles, on reconnaît bientôt qu'elles changent de position ; car les unes se rapprochent du repère, tandis que d'autres s'en éloignent. Une attention plus soutenue permettra de constater qu'à chaque instant de nouvelles étoiles surgissent de l'horizon oriental, et que d'autres disparaissent sous l'horizon occidental; qu'ainsi tous ces astres obéissent à une translation d'orient en occident, analogue au mouvement diurne du soleil. L'analogie sera bien plus frappante si l'on renouvelle ces observations plusieurs nuits de suite; car on remarquera que chaque étoile revient périodiquement repasser par les mêmes points du ciel, toutes les vingt-quatre heures.

Pour préciser mieux cette rotation du firmament, supposons que l'observateur nocturne occupe le lieu O

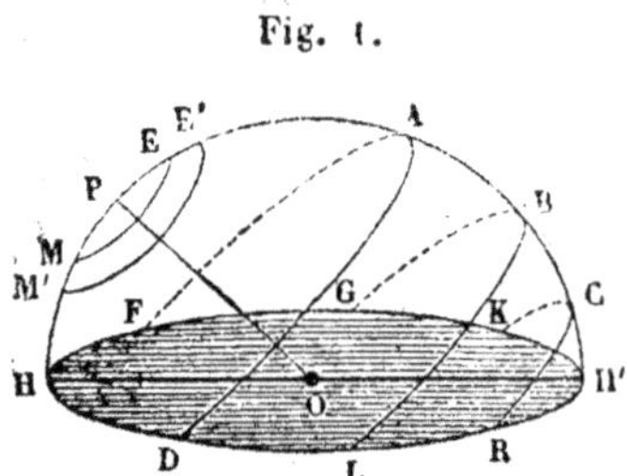

Fig. 1.

(*fig.* 1), dont l'horizon est représenté par la courbe HFGH'L, tandis que l'autre courbe HABH' figure la voûte céleste. Si cette personne porte les yeux vers le sud H', elle s'assurera que les étoiles qui se lèvent près de cette région, comme en K, par exemple, décrivent une courbe peu étendue KCR, passent à une faible hauteur CH', et ne restent visibles que peu de temps ; que les astres qui surgissent plus à l'est, vers G, tracent dans le ciel une route plus grande GBL, atteignent à plus de hauteur BH', et mettent plus d'intervalle entre leur lever et leur coucher. Ces effets sont naturellement amplifiés pour les étoiles qui font le chemin FAD.

Mais une surprise attend l'observateur, s'il consacre quelques nuits à suivre les étoiles vers le nord H. Il verra là que ces astres, tout en obéissant à la rotation diurne, restent constamment au dessus de l'horizon, sans se lever ni se coucher jamais, c'est-à-dire qu'ils parcourent dans le ciel des cercles ME, ME'..... entièrement visibles.

Enfin, quand on compare les courbes KCR, GBL, FAD, M'E', etc..., décrites par les diverses étoiles, on remarque que toutes ces courbes inclinées vers le sud sont parallèles entre elles et semblent concentriques autour d'un même point du ciel P.

2. **Pôle, Étoile polaire, Étoiles circompolaires.** Le point P, qui paraît le centre commun à tous les cercles que décrivent les astres dans leur translation diurne, porte le nom de *Pôle céleste.* Ce point de l'espace est invisible; mais il existe tout près une belle étoile qu'on nomme pour cela *Etoile polaire.*

A Paris, le pôle est élevé au-dessus de l'horizon nord H d'une valeur angulaire POH de 49 degrés à peu près.

Les astres avoisinant le pôle, qui ne se couchent pas pour nous, ont reçu la dénomination d'*Étoiles circompolaires.* Les cercles entiers décrits par ces diverses étoiles sont d'autant plus petits que l'étoile est plus rapprochée du pôle; aussi l'Etoile polaire paraît-elle immobile.

3. **Culmination.** Tout le monde peut remarquer qu'à partir de l'est chaque astre s'élève dans l'espace jusqu'à un point culminant A, B, C, d'où il descend ensuite pour se coucher à l'ouest; mais il faut s'aider d'instruments convenables pour déterminer exactement la nature de cette course apparente. Or, les astronomes ont trouvé que les courbes visibles, telles que FAD, GBL, KCR, etc., que décrivent le soleil, la lune et toutes les étoiles, sont divisées chacune en deux parties égales et symétriques par leur point culminant, l'une ascendante FA, GB, KC, l'autre descendante AD, BL, CR, et que, pour chaque astre, l'ascension a exactement la même durée que la descente. Le point A, B, C., etc., qui marque le maximum d'élévation d'un astre, est appelé la *culmination* de cet astre.

4. **Méridien céleste.** Quand on veut, dans un observatoire, fixer la position des points culminants du soleil, de la lune et d'un nombre quelconque d'étoiles, on

trouve que ces points **A**, **B**, **C**, etc., viennent s'aligner avec le pôle **P**, ce qui prouve que ces culminations sont situées toutes dans un même plan, passant par le pôle céleste **P** et par le lieu **O** qu'occupe l'observateur sur terre. Ce plan remarquable OHPAH′ porte le nom de *Méridien*, attendu que c'est au milieu du jour, à midi, que le soleil atteint son point culminant. La trace HOH′ de ce plan sur le sol est dite la *Méridienne de la station* **O**.

5. Passage. Pour indiquer qu'un astre atteint sa culmination, on dit que cet astre *passe par le méridien*. L'instrument employé dans les observatoires pour constater l'instant où s'opère le passage des astres divers est appelé *Lunette méridienne*.

Les étoiles circompolaires ont deux passages : l'un *supérieur* ou au-dessus du pôle en **E**, **E′**, l'autre *inférieur* ou au-dessous du pôle en **M**, **M′**.

6. Pour compléter les notions précédentes, l'élève voudra bien quitter sa station et s'embarquer avec nous: le voyage est un puissant moyen d'éducation. Admettons donc que, partant de Paris où nous le supposons placé d'abord, l'observateur se dirige du nord au midi, à travers la France et l'Afrique. Le premier fait qui le frappera en route, quand il voudra inspecter le ciel étoilé, c'est que le pôle, ou bien l'étoile polaire, s'abaissera pour se rapprocher de l'horizon nord, et qu'ainsi le nombre des étoiles circompolaires ira en diminuant. Par exemple, la belle étoile nommée *la Chèvre*, constamment visible à Paris, se cache pendant plus de trois heures sous l'horizon de Marseille, à chaque révolution diurne.

D'un autre côté, notre voyageur découvrira, vers la région du sud, d'autres étoiles nouvelles pour lui et qu'on ne voit jamais de Paris. Il reconnaîtra, en outre, que les astres **C**, **B**, étudiés avant le départ, se sont élevés au-dessus du sud **H′** et qu'ils restent visibles plus longtemps, parce que leur course apparente est plus longue ; enfin, que les courbes décrites ACR, GBL sont moins inclinées à l'horizon.

Ces changements, d'autant plus sensibles qu'on s'avance plus au midi, sont très-considérables déjà à Alger, où le pôle P n'a plus qu'une hauteur angulaire POH de 37 degrés environ.

Pour la station du Sénégal, où l'angle POH ne vaut plus que 15 ou 16 degrés, il n'existe presque plus d'étoiles circompolaires ; mais on y contemple chaque nuit, vers le sud, un grand nombre de belles étoiles que nous ne pouvons apercevoir d'Europe.

Si nous poussons notre course jusqu'à la hauteur de l'île Saint-Thomas, sous la ligne équinoxiale, nous verrons le pôle P, ou mieux l'étoile polaire, raser l'horizon au point H, et l'aspect du ciel aura subi une modification frappante : les arcs FAG, KBL, etc..., auront une position perpendiculaire à l'horizon, comme le montre la figure 2 ; tous les astres du firmament seront visibles dans les vingt-quatre heures (abstraction faite de la clarté du jour), et passeront douze heures au-dessus, douze heures au-dessous de l'horizon de l'observateur.

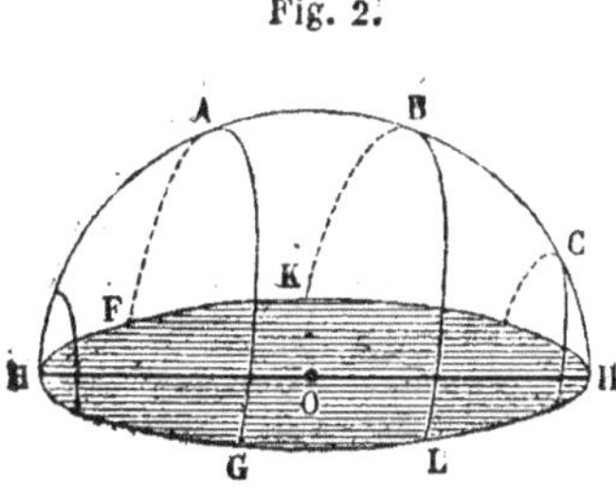

Fig. 2.

Notre étonnement redoublera bien encore si nous nous dirigeons vers le cap de Bonne-Espérance. Notre étoile polaire, absolument inconnue dans ces parages, aura disparu au nord, ainsi que ses voisines ; mais, en dédommagement, l'observation nous fera découvrir, au sud, un pôle nouveau et une nouvelle série d'étoiles circompolaires, dont le nombre ira en augmentant à mesure que nous avancerons.

En effet, la voûte céleste présente, au Cap, un aspect analogue à celui qu'elle a en Europe, ou mieux en Algérie. Les Hottentots voient de leur station O (*fig. 3*) le soleil, la lune et la majeure partie des étoiles se lever et se coucher toutes les vingt-quatre heures, en décrivant des arcs A, B, C plus ou moins grands, pendant que d'autres étoiles restent constamment visibles et tracent des cercles entiers, tels que MN, autour d'un même point P′ élevé de 35 degrés au-dessus de l'horizon sud H′. Ce point constitue donc un second pôle céleste.

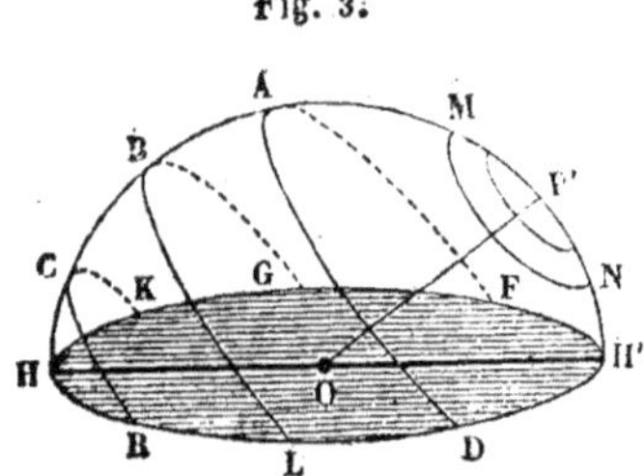
Fig. 3.

Là comme ici, les courbes diurnes des astres KCR, LBG, DAF sont parallèles entre elles, concentriques au pôle, et leurs points culminants C, B, A se trouvent situés sur un même plan méridien passant par le pôle P′ et par le lieu de l'observation O. Seulement, ces courbes sont inclinées vers le nord, en sens contraire de la direction qu'elles affectent en Europe.

Une autre opposition qui se manifeste dans les phénomènes célestes, vus du Cap ou de Paris, c'est que nous, quand nous tournons la face vers l'orient, nous voyons passer à notre droite le soleil, la lune et la majeure partie des étoiles, et, qu'à midi, les ombres des objets se dirigent vers notre gauche, tandis que les Hottentots, qui regardent aussi l'orient, aperçoivent ces mêmes astres à leur gauche, et voient les ombres tournées à droite.

Ces différences s'expliquent naturellement en faisant remarquer que deux spectateurs placés, l'un à Paris, l'autre au Cap, de manière à tourner le dos à leur pôle respectif, se regardent face à face, et qu'alors la main gauche du premier est située du même côté que la main droite du second, c'est-à-dire à l'orient. Ces deux spectateurs contemplant donc le ciel et suivant des yeux les mêmes astres, pourront former les mêmes conjectures sur le système du monde, bien que l'Européen croie que le firmament tourne de gauche à droite, pendant que l'habitant du Cap le suppose tourner de droite à gauche.

7. Pôles et Axe du monde. Un enseignement précieux ressort de l'exposition qui précède. Puisqu'en Europe on voit les astres, dans leur mouvement diurne, tourner autour du pôle P (*fig.* 1) dans des courbes parallèles et d'autant plus inclinées vers le sud que le lieu d'observation est plus septentrional, tandis que, pour les régions méridionales de l'Afrique, ces mêmes astres décrivent autour du pôle P′ (*fig.* 3) des courbes inclinées vers le nord, on est forcé d'en conclure que la rotation du firmament s'effectue autour de la ligne droite qui passe par ces deux pôles ; car le même astre ne peut suivre à la fois deux directions contraires.

Ainsi, les différences d'aspect que nous avons signalées dans le mouvement des astres vus de diverses stations dépendent uniquement du changement de position du spectateur. La ligne OP de la figure 1 dirigée sur le pôle européen, et la ligne OP′ de la figure 3 qui aboutit au pôle africain, ne sont qu'une seule et même droite confondue dans la ligne HH′ (*fig.* 2). Ce n'est donc que sous l'équateur, à l'île Saint-Thomas, par exemple, qu'on peut voir la rotation du ciel sous son aspect véritable. Là (*fig.* 2) les deux pôles rasent l'horizon, l'un vers H, l'autre vers H′, et l'on voit tous les astres tourner autour de la droite HH′ dans des cercles perpendiculaires à cette droite.

Les deux pôles célestes dont nous venons de constater l'existence sont nommés les *pôles du monde*. Celui que nous voyons en Europe est dit *pôle nord* et l'autre *pôle sud*. La ligne droite idéale que l'on conçoit menée entre les deux pôles est l'*axe du monde*. Enfin, le milieu de cette droite, ou le point à égale distance des pôles, porte le nom de *centre du monde*.

Puisque la terre nous empêche de voir les deux pôles à la fois, l'axe du monde passe à travers le sol, et le centre du monde est situé à une certaine profondeur sous nos pieds.

8. Sphère céleste. Un autre fait qu'on ne tarde pas à remarquer dans les observations nocturnes, c'est que les étoiles, malgré leur mouvement d'orient en occident autour de l'axe du monde, conservent entre elles une même *distance angulaire* (*), c'est-à-dire que leur position relative reste invariable. Ce fait est cause que nous voyons le ciel tourner tout d'une pièce, et les divers astres décrire des courbes parallèles.

Les anciens avaient fait la même remarque ; mais en la rapprochant de la courbure apparente du ciel et de sa couleur azurée, ils en avaient conclu que le firmament est une voûte matérielle, une sorte de sphère creuse dont la terre occupe le centre et les étoiles la surface. De là l'expression de *sphère céleste.*

On ne saurait pousser l'illusion aussi loin dans notre siècle, parce que tout le monde sait que la couleur bleue du ciel est due à la couche d'air atmosphérique qui enveloppe la terre, et que l'espace est immatériel et sans limites.

Néanmoins, on continue encore aujourd'hui l'usage de cette dénomination de sphère céleste pour désigner la région vague des étoiles, parce que cette sphère fictive facilite beaucoup l'explication et l'étude des phénomènes astronomiques. Au reste, cette fiction ne consiste qu'à supposer pour le moment que toutes les étoiles sont situées à une même distance de la terre, ce qui est conforme aux apparences.

9. Grands cercles de la sphère céleste. Dès qu'on regarde l'univers comme une sphère immense dont nous occupons le centre, il est urgent d'indiquer la position des grands cercles que l'on a besoin de considérer dans ce corps rond (**).

Soit donc PP′ (*fig.* 4) l'axe du monde passant par le pôle nord P, ou *pôle boréal,* que nous voyons d'Europe, et par le pôle sud P′, ou *pôle austral,* invisible pour nous. Si, de divers astres A, B, C, etc., on conçoit

---

(*) La *distance angulaire* de deux objets est l'angle optique que forment dans notre œil les rayons visuels de ces objets.

(**) Voyez notre *Traité de Géométrie,* 9e édition, page 221.

des perpendiculaires AD, BN, CM... abaissées sur l'axe
PP', on comprendra que ces perpendiculaires sont les

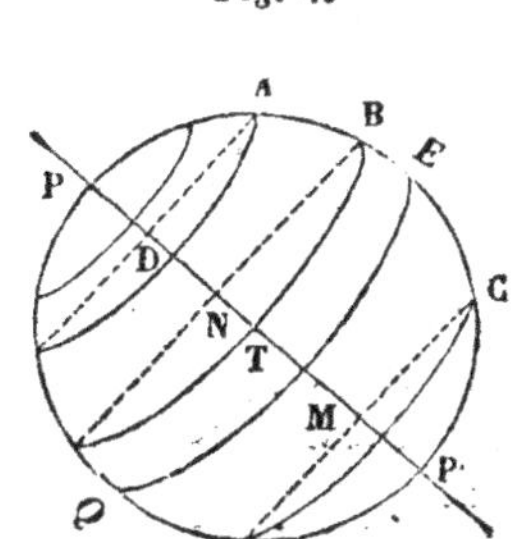

Fig. 4.

rayons des cercles que décrivent les astres pendant la rotation diurne de la sphère céleste. Or, ces cercles divers sont
nommés *parallèles célestes ;*
celui d'entre eux EQ, qui passe
par le centre du monde et se
trouve situé à égale distance
des deux pôles, porte le nom
d'*équateur céleste*, parce que,
seul, il divise la sphère céleste
en deux parties égales, appe-
lées *hémisphères*. Ces deux hémisphères empruntent les
noms des pôles respectifs qu'ils renferment, et se distinguent en *hémisphère boréal* et *hémisphère austral*.

Le méridien céleste PABP'Q, dont la culmination
nous a révélé l'existence (n° 4), peut être mieux défini
maintenant : ce plan, qui passe par les pôles, est donc
un grand cercle de la sphère céleste, dont la position
est déterminée par l'axe du monde et par le point du
ciel situé verticalement au-dessus de notre tête. Le
méridien coupe perpendiculairement l'équateur et les
parallèles.

On comprend, d'ailleurs, qu'il existe dans la sphère
céleste une infinité de cercles analogues au méridien
d'un lieu ; car, par chacun des points de l'équateur, on
peut concevoir des plans venant passer tous par l'axe
du monde, lequel sera ainsi l'intersection commune à
tous ces cercles méridiens.

On sait qu'on nomme *verticale* la direction d'un fil
à plomb en repos, ou l'axe de notre corps droit sur les
pieds. Cette ligne droite passe par le centre du monde
et perce la sphère céleste en deux points du ciel, diamétralement opposés, qu'on appelle le *zénith* et le *nadir*
du lieu.

Soit PP' (*fig.* 5) l'axe du monde, PZQP' notre méridien, EDQO l'équateur, T le centre du monde et TZN

la verticale du point que nous occupons sur le sol ; le point du ciel Z, situé sur notre tête, sera le *zénith* du lieu, et le point N invisible le *nadir*. Cela posé, concevons un plan mené par le centre du monde T perpendiculairement à la verticale TZ, nous comprendrons que ce plan coupe la sphère céleste suivant un autre grand cercle OHDH′; or, ce cercle est ce qu'on appelle *l'horizon rationnel* de la station. Cet horizon, passant sous le sol, est parallèle à l'horizon

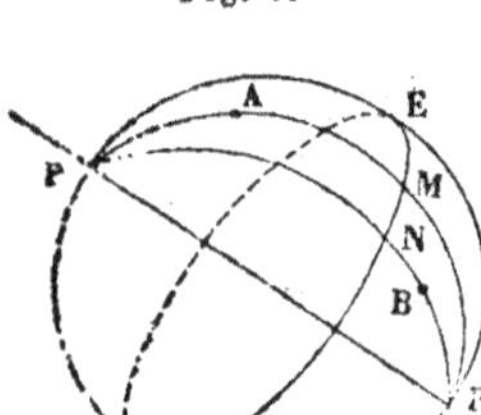

Fig. 5.

qui frappe nos regards (n° 1), nommé pour cela *horizon visuel*. Notre méridien NHZH′ coupe l'horizon OHDH′ en deux points H, H′, appelés, le premier, *nord*, le second, *sud*. L'équateur EQ rencontre aussi l'horizon HH′ en deux points D, O, l'un oriental D nommé *est*, l'autre occidental O dit *ouest*. Ces quatre points remarquables H, D, H′, O, qui divisent la circonférence de l'horizon en quatre parties égales, sont dénommés les *quatre points cardinaux*.

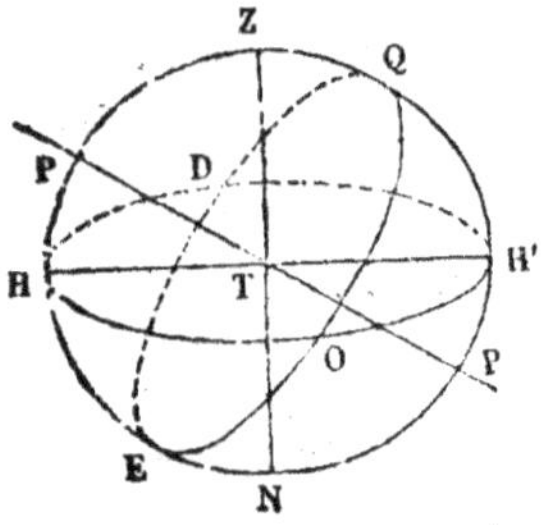

10. Ascensions droites et déclinaisons. Ces expressions servent à désigner les valeurs angulaires dont on fait usage pour fixer la position de chaque astre sur la sphère céleste ; voici comment :

Fig. 6.

Soit PEP′ (*fig.* 6) le méridien d'un lieu coupant l'équateur à angles droits au point E, et soit A un astre dont on veut fixer la position. Le plan mené par cet astre et par l'axe du monde PP′ déterminera le cercle PAP′ qui coupe l'équateur en un point M ; or, si l'on connaît d'un côté la valeur angulaire de l'arc EM ou de la portion d'équateur comprise entre le méridien du lieu et celui de l'étoile, et de l'autre la valeur angulaire de l'arc AM qui sépare cette étoile de l'équateur, on aura des données suffisantes pour indiquer le point du ciel qu'occupe l'étoile A. La première valeur EM, comptée sur l'équateur EQ, est l'*ascension droite* de l'astre A, et la seconde AM, prise sur le cercle PAP' de cet astre, est dite sa *déclinaison*.

S'il s'agissait d'un autre astre situé en B, on aurait l'arc EN pour son ascension droite, et l'arc BN pour sa déclinaison.

Les ascensions droites sont comptées sur toute la circonférence de l'équateur de zéro à 360 degrés, en allant de l'ouest à l'est, en sens contraire du mouvement diurne ; mais les déclinaisons, comprises entre l'équateur et les pôles, ne peuvent être évaluées que de zéro à 90 degrés ; et pour indiquer l'hémisphère dans lequel on les prend, on les désigne en *déclinaisons boréales* et en *déclinaisons australes*.

11. Jour sidéral. Le temps qu'emploie la sphère céleste pour exécuter une rotation complète sur son axe porte le nom de *jour sidéral*. On constate cette durée en observant avec une lunette astronomique deux passages consécutifs d'une même étoile par le méridien d'un lieu. L'expérience, renouvelée dans tous les temps, a prouvé que la longueur du jour sidéral est invariable.

On subdivise le jour sidéral en vingt-quatre parties égales, nommées *heures sidérales*, l'heure en soixante *minutes*, et les minutes en soixante *secondes* sidérales.

§ II. DESCRIPTION DU CIEL VU A L'OEIL NU.

Sommaire. — Étoiles de diverses grandeurs apparentes. — Constellations. — Tableaux uranographiques.— Étoiles changeantes, colorées, périodiques, temporaires.

12. Le nombre des étoiles paraît infini ; mais on n'en peut compter que 4 à 5 mille visibles à l'œil nu. Pour faciliter l'étude de ces astres, on les a subdivisés, d'après leur éclat, en six ordres de grandeur apparente, qu'on représente par les caractères suivants :

Les nombres d'étoiles comprises dans ces divers ordres sont :

1re	20	étoiles dont	14	visibles en Europe,
2^e	68	—	40	—
3^e	192	—	100	—
4^e	425	—	215	—
5^e	1100	—	550	—
6^e	2900	—	1440	—

Ces nombres n'ont rien d'absolu, car bien des étoiles peuvent compter indifféremment dans deux ordres de grandeur.

Les étoiles de première grandeur, dont l'éclat domine les autres de beaucoup, sont nommées aussi *étoiles principales*. Les quatorze visibles pour nous sont appelées : *Sirius, Arcturus, Rigel,* la *Chèvre, Wega, Procyon, Beteigeuse, Aldébaran, Antarès, Altaïr,* l'*Epi de la Vierge, Pollux, Régulus, Fomalhaut*.

Un grand nombre d'autres étoiles ont reçu des noms particuliers ; mais ces noms et les six ordres de grandeur ne suffisaient pas pour se reconnaître dans l'immensité des cieux : il a fallu avoir recours, en outre, aux *constellations*.

13. Constellations. L'invariabilité dans la distance angulaire des étoiles est cause que ces astres déterminent entre eux des figures géométriques permanentes qu'on a nommées *constellations*. Ces groupes remarquables avaient pris, dans l'imagination fantastique des anciens, les formes de certains êtres mythologiques dont ils ont conservé les noms.

Ptolémée nous a laissé la nomenclature des quarante-huit constellations connues de l'antiquité et visibles d'Europe (le pôle austral n'était pas découvert alors). Sur ce nombre, on en compte vingt et une aux environs du pôle nord, douze dans la région de l'équateur, et quinze vers le sud.

Les vingt et une constellations boréales sont, à partir du pôle : la *Petite Ourse*, la *Grande Ourse*, le *Dragon*, *Céphée*, le *Bouvier*, la *Couronne boréale*, *Hercule*, la *Lyre*, le *Cygne*, *Cassiopée*, *Persée*, le *Cocher*, le *Serpentaire*, le *Serpent*, la *Flèche*, l'*Aigle*, le *Dauphin*, le *Petit Cheval*, *Pégase*, *Andromède*, le *Triangle boréal*.

Les douze constellations équatoriales sont : le *Bélier*, le *Taureau*, les *Gémeaux*, le *Cancer* ou *Ecrevisse*, le *Lion*, la *Vierge*, la *Balance*, le *Scorpion*, le *Sagittaire*, le *Capricorne*, le *Verseau*, les *Poissons*.

Enfin, les quinze constellations australes sont : la *Baleine*, *Orion*, l'*Eridan*, le *Lièvre*, le *Petit Chien*, le *Grand Chien*, le *Navire Argo*, l'*Hydre femelle*, la *Coupe*, le *Corbeau*, l'*Autel*, le *Centaure*, le *Loup*, la *Couronne australe*, le *Poisson austral*.

Pour indiquer les diverses étoiles d'une même constellation, on emploie des numéros ou les lettres de l'alphabet grec ; on a donné, en outre, des noms particuliers à des groupes secondaires dans quelques constellations.

Les astronomes modernes ont augmenté de beaucoup le nombre des constellations, par suite de la découverte des régions australes ; aussi en compte-t-on aujourd'hui cent dix-sept dans la totalité de la sphère céleste, comme on le voit sur les globes artificiels destinés à l'enseignement.

14. Tableaux uranographiques. L'étude du ciel étoilé n'est pas facile, parce que les cartes et les globes célestes construits jusqu'ici sont inintelligibles à la plupart des élèves. Nous avons donc essayé d'y suppléer par un procédé que l'expérience nous a démontré être très-efficace.

Nous avons dessiné séparément les portions du ciel qu'on embrasse du regard quand on se place immobile dans certaines directions données. Afin de représenter toute la voûte céleste, visible au même instant, nous avons pris quatre stations successivement dirigées vers les quatre points cardinaux, ce qui nous a fourni un tableau composé de quatre figures ; et, pour comprendre toutes les constellations visibles en Europe dans le courant de l'année, nous avons dressé quatre *tableaux uranographiques* relatifs aux quatre saisons, comme on le voit ci-après. Nous n'avons marqué, bien entendu, que les étoiles les plus saillantes dans chaque constellation.

Nous allons placer ici ces tableaux les uns à côté des autres, pour faciliter leur confrontation, et nous donnerons ensuite leur description.

Premier   Tableau.

ASPECT DU CIEL VISIBLE SOUS LA LATITUDE MOYENNE DE LA FRANCE VERS L'ÉQUINOXE DE PRINTEMPS, A 9 HEURES DU SOIR.

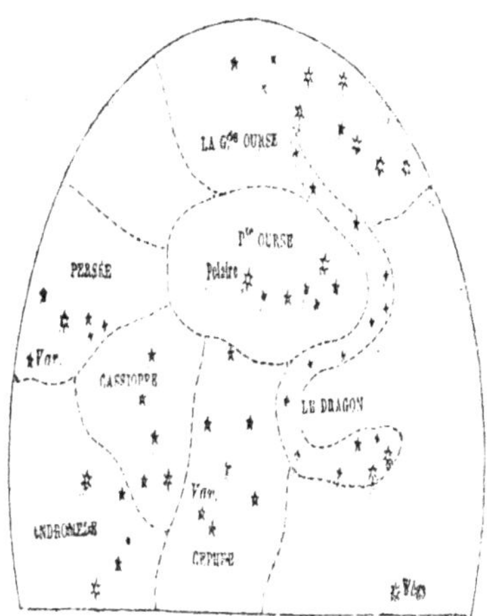

Nord.

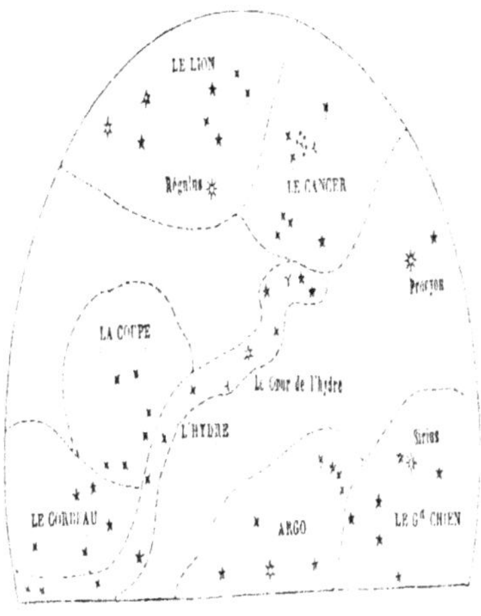

Sud.

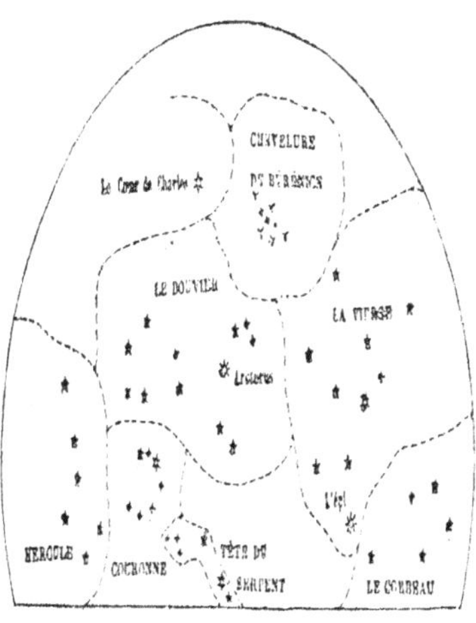

Est.

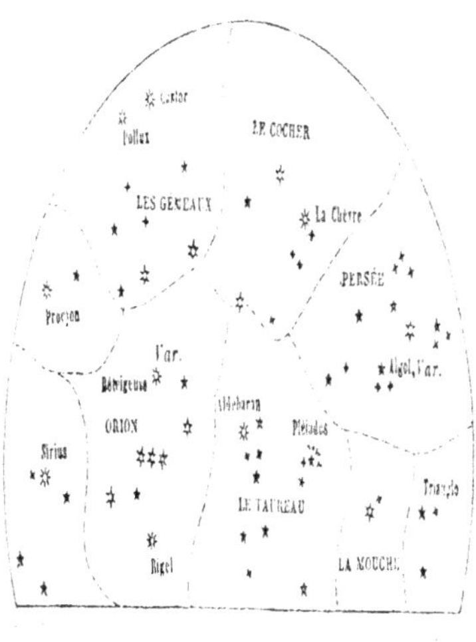

Ouest.

Deuxième

ASPECT DU CIEL VISIBLE SOUS LA LATITUDE MOYENNE DE LA

Tableau.

FRANCE VERS LE SOLSTICE D'ÉTÉ, À 9 HEURES DU SOIR.

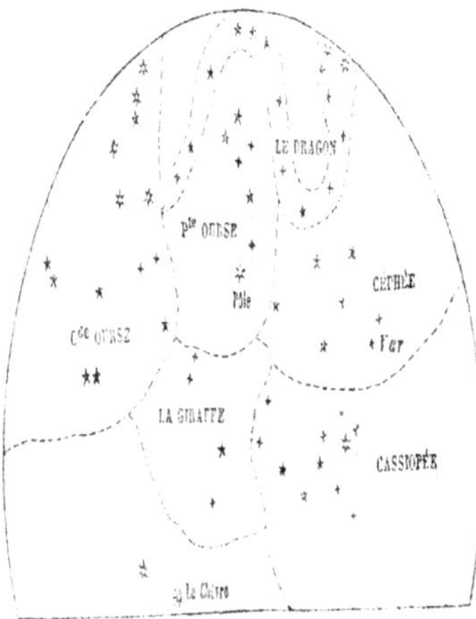

Nord.

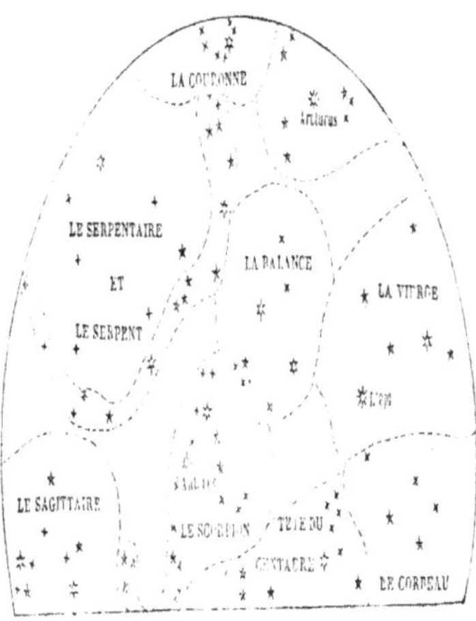

Sud.

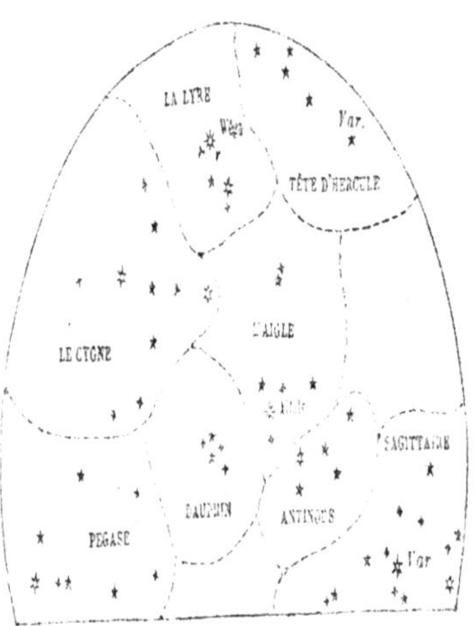

Est.

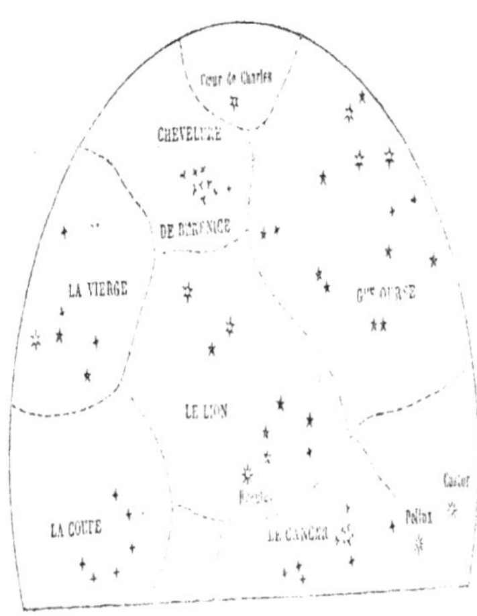

Ouest.

Troisième

Tableau.

ASPECT DU CIEL VISIBLE SOUS LA LATITUDE MOYENNE DE LA

FRANCE VERS L'ÉQUINOXE D'AUTOMNE, À 9 HEURES DU SOIR.

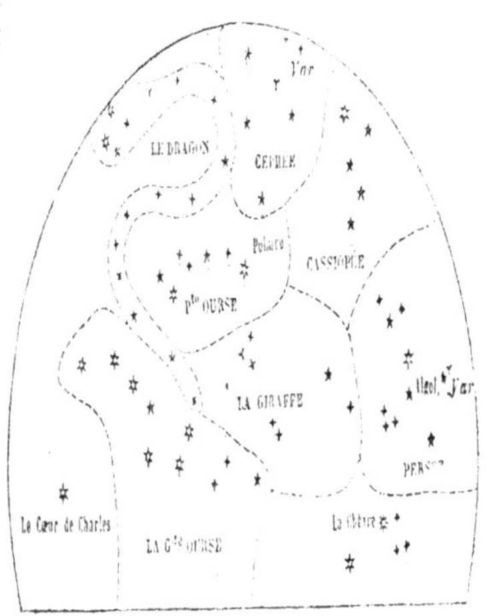

Nord.

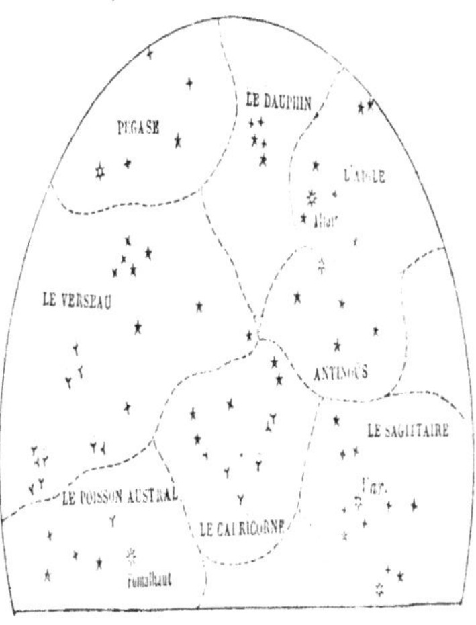

Sud.

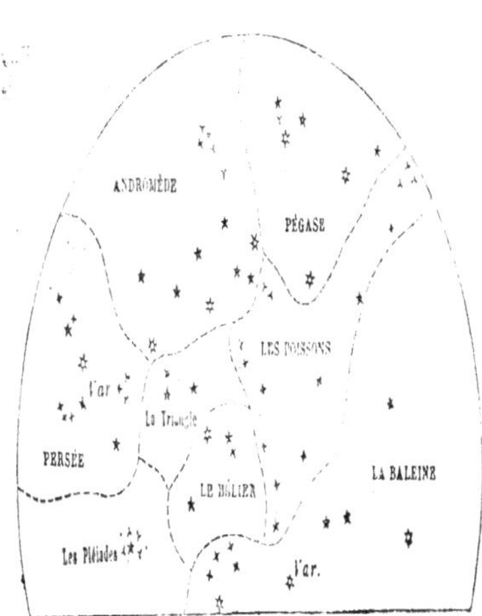

Est.

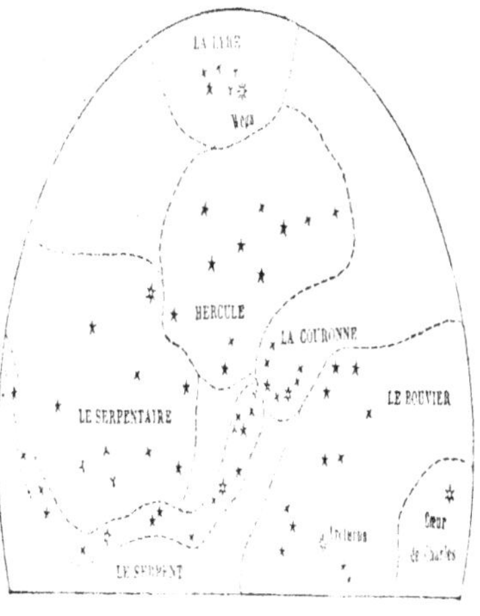

Ouest.

Quatrième

ASPECT DU CIEL VISIBLE SOUS LA LATITUDE MOYENNE DE LA

Tableau.

FRANCE VERS LE SOLSTICE D'HIVER, A 9 HEURES DU SOIR.

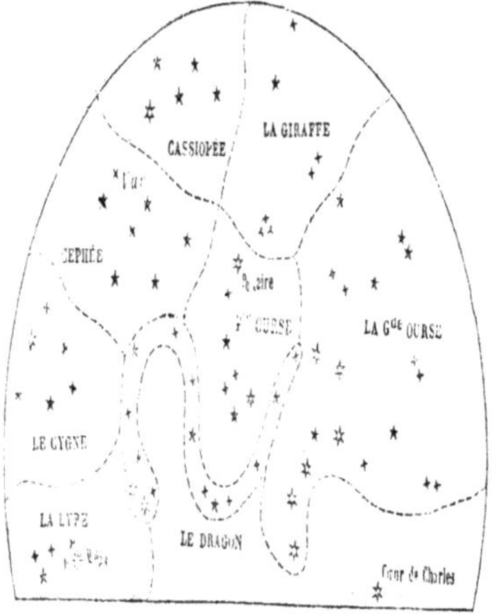

Nord.

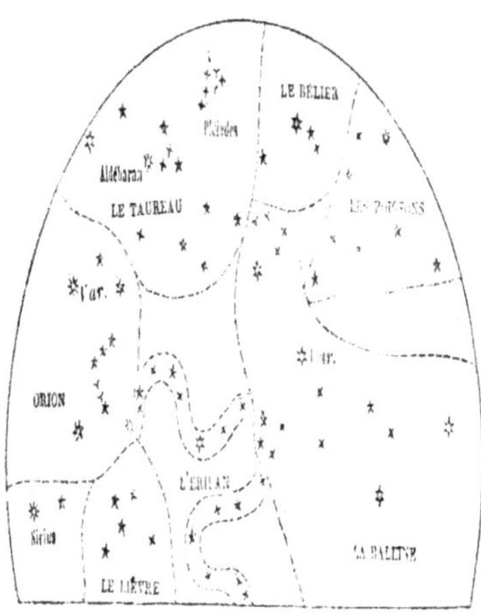

Sud.

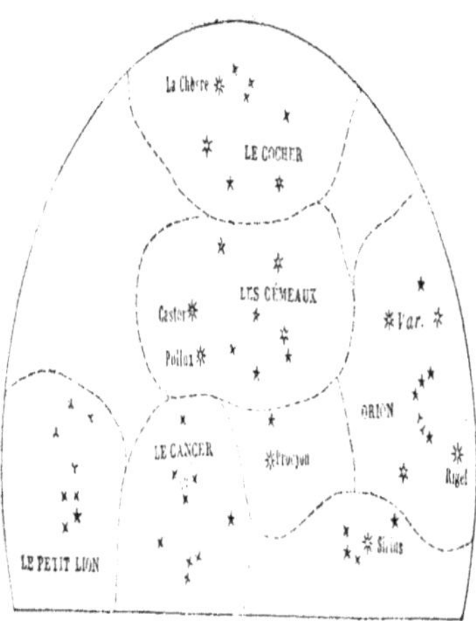

Est.

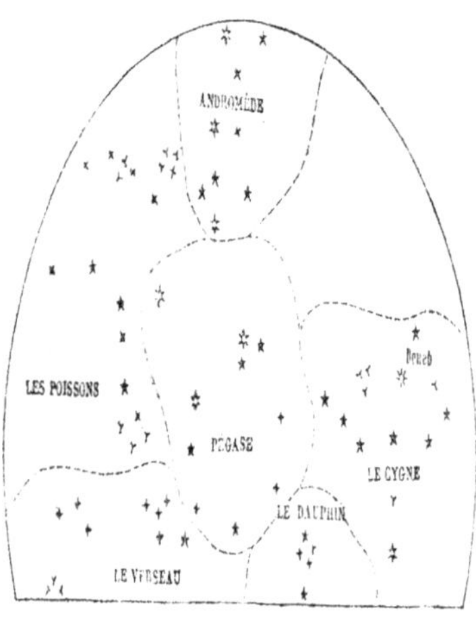

Ouest.

15. Ces tableaux, dessinés pour la latitude moyenne de la France, représentent l'aspect du ciel étoilé vers les neuf heures du soir, au commencement du printemps, de l'été, de l'automne et de l'hiver, c'est-à-dire vers le 22 mars, le 22 juin, le 22 septembre, le 22 décembre ; mais ils sont également propres à tous les pays du globe qui s'éloignent peu de la latitude boréale de 45 degrés, ainsi qu'à toutes les époques de l'année. En effet :

Par une cause que nous expliquerons plus loin, le lever des étoiles avance de quatre minutes environ chaque jour, ou d'une heure en quinze jours. On conçoit dès lors que la constellation que nous verrons surgir de l'horizon oriental, ce soir à neuf heures, ne se levait qu'à dix heures il y a quinze jours, et qu'elle apparaîtra à huit heures quinze jours plus tard. Ainsi l'aspect du ciel étoilé à neuf heures du soir du 22 mars est le même que celui qu'il a eu le 7 mars à dix heures, et qu'il aura le 7 avril à huit heures du soir.

D'après ce compte, nos tableaux uranographiques, quoique construits pour un lieu et pour un moment donnés, pourront servir généralement et à l'heure même qu'il plaira à l'observateur de choisir.

USAGE DES TABLEAUX URANOGRAPHIQUES.

16. Pour procéder à l'étude des constellations à l'aide de nos tableaux, il faut d'abord s'*orienter*, c'est-à-dire reconnaître la position des quatre points cardinaux. A cet effet, il suffit de découvrir l'étoile polaire et de regarder en face cet astre indicateur du nord ; on a alors le sud derrière soi, l'est à droite et l'ouest à gauche.

Or, à quelque heure de la nuit qu'on tourne les yeux vers le nord, par un ciel serein, on distingue aussitôt sept belles étoiles, disposées comme l'indiquent les lettres αηγ de la figure 7 ; ces étoiles font partie de la constellation nommée la *Grande Ourse*, dont trois forment la queue, tandis que les quatre autres sont disposées en trapèze. A la faveur de cette figure, on reconnaîtra aisément, dans le voisinage, la *Petite Ourse* αβγ, ayant à peu près la même forme que la Grande, mais plus petite et avec cette différence que la queue et deux étoiles du trapèze dessinent un arc de cercle : l'étoile α, située à l'extrémité de la queue de la Petite Ourse, est l'*étoile polaire*.

Fig. 7.

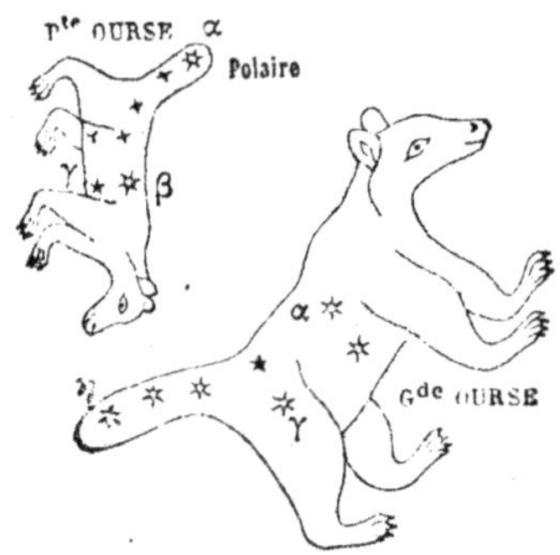

Le pôle, ce point invisible, est tout à côté de la polaire.

Maintenant que nous savons nous orienter, passons nos tableaux en revue.

17. Premier tableau. Supposons-nous en un lieu découvert, le 22 mars, à neuf heures du soir. Si nous nous plaçons immobiles en face de l'étoile polaire, nous serons en présence de la figure intitulée *nord* sur le premier tableau, et il suffira de comparer notre dessin avec cette partie du ciel pour faire connaissance avec les constellations circompolaires.

Fig. 8.

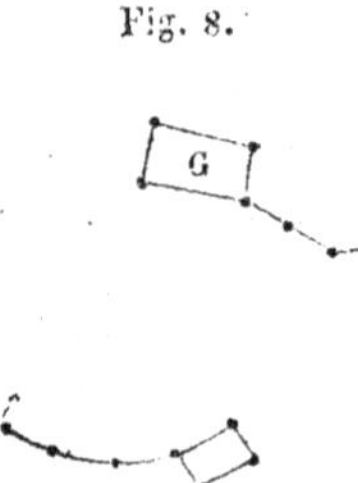

Nous verrons d'abord que la Grande Ourse et la Petite Ourse ont, en ce moment, les positions indiquées par les lettres G et P de la figure 8. Avec un peu d'attention, nous remarquerons au-dessous du pôle les constellations *Céphée* et *Cassiopée* ; à gauche, *Persée* ; à droite, le

Dragon, dont la tête marquée par un petit quadrilatère est en bas, et dont la queue courbe s'étend entre les deux Ourses. Enfin, nous verrons se lever à l'horizon la belle étoile *Wega* appartenant à la *Lyre*, tandis que *Andromède* se couchera.

Après avoir gravé dans notre mémoire la forme et la position de ces constellations boréales, nous explorerons les autres points cardinaux. Pour ne pas nous désorienter, nous suivrons des yeux le méridien, en faisant un demi-tour sur les talons, et nous nous trouverons en face du sud et de la seconde figure du premier tableau. Nous distinguerons aussitôt le *Lion* en haut du ciel, avec sa belle étoile *Régulus* ; nous verrons, à côté, le *Cancer* peu apparent ; au-dessous, l'*Hydre femelle*, la *Coupe*, le *Corbeau* ; vers la droite, le *Petit Chien* marqué par la belle étoile *Procyon*, et le *Grand Chien*, dont l'étoile principale *Sirius* est la plus belle du ciel ; enfin, nous remarquerons, à l'horizon sud, quelques étoiles faisant partie du *Navire Argo*, magnifique constellation australe qui ne montre que sa proue à l'Europe.

De cette seconde région, nous passerons à l'est, où nous reconnaîtrons la troisième figure du premier tableau. Nous y verrons en haut la *Chevelure de Bérénice*, et le *Cœur de Charles* entouré de petites étoiles constituant les *Lévriers* ; au-dessus, la belle constellation le *Bouvier*, avec son étoile de première grandeur *Arcturus* ; plus bas, la *Couronne boréale* et la *Tête du Serpent* ; à gauche, la grande constellation d'*Hercule* ; à droite, le *Corbeau* et la *Vierge*, constellation fort étendue dont l'étoile principale est l'*Épi*.

Enfin, pour étudier la quatrième figure de notre premier tableau, nous tournerons à l'ouest, orné en ce moment des constellations les plus remarquables. Nous verrons en haut les *Gémeaux*, dont les belles étoiles *Castor* et *Pollux* occupent les têtes et déterminent un rectangle allongé avec deux autres belles étoiles situées aux pieds ; c'est ensuite le *Cocher*, grand pentagone dont un des angles est occupé par l'étoile de première grandeur nommée la *Chèvre,* reconnaissable à trois petites étoiles qui l'avoisinent.

Au-dessus des Gémeaux, nous trouverons *Orion,* la plus belle constellation du ciel, grand rectangle dont *Rigel* et *Bételgeuse* occupent les angles opposés, et qui renferme au milieu trois belles étoiles en ligne droite formant le Baudrier d'Orion. Au-dessous du Cocher nous découvrirons le *Taureau* avec son groupe confus les *Pléïades* et sa belle étoile *Aldébaran* qui, réunie à quatre autres étoiles de troisième grandeur, dessinent un V parfait.

Vers la droite, nous verrons une autre constellation déjà connue, *Persée,* avec son étoile variable *Algol,* qui fait partie du groupe secondaire nommé la *Tête de Méduse*; au-dessous, on aura le *Triangle* et la *Mouche.*

Vers la gauche, on distinguera enfin les belles étoiles *Sirius* et *Procyon,* signalées précédemment.

Pour se familiariser avec ce premier tableau, il sera nécessaire de recommencer les observations plusieurs nuits de suite et d'y revenir à diverses époques. Il ne faut pas perdre de vue, à cet effet, que, d'après la remarque du n° 15, l'aspect du ciel au 22 mars, à neuf heures du soir, s'est reproduit :

> Le 7 mars, à dix heures du soir ;
> Le 22 février, à onze heures du soir ;
> Le 7 février, à minuit, etc. ;

et qu'il se reproduira également :

> Le 7 avril, à huit heures du soir ;
> Le 22 avril, à 7 heures du soir ;
> Le 7 mai, à 6 heures du soir, etc.

18. Deuxième tableau. Quand nous arriverons au 22 juin, nous procéderons à l'étude du deuxième tableau, et nous aurons à recommencer la série des opérations que nous venons de décrire pour le tableau n° 1. La première chose qui nous surprendra à cette époque, à mesure que nous voudrons nous orienter,

c'est que les deux Ourses auront quitté les positions de
la figure 8 pour celles qu'indiquent les lettres G et P de

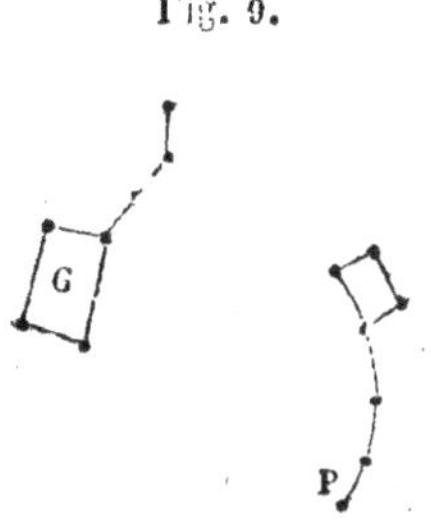

la figure 9 ci-contre. Nous reconnaîtrons, d'ailleurs, que la
région nord, conformément à
la première figure du deuxième tableau, présente les mêmes constellations qu'au 22
mars, avec cette seule différence qu'elles se seront dépla-
cées dans le même sens que les
deux Ourses.

Mais il n'en sera pas de même pour les autres points
cardinaux où l'on aura de nouvelles constellations à
étudier. Ainsi, quand on regardera le sud, on apercevra
la *Balance* au-dessous du Bouvier, et le *Serpentaire*
entrelacé du *Serpent*, qui, partant de la Couronne,
s'étend jusqu'à l'Aigle. Entre les plis du Serpent, la
Balance et l'horizon, on distinguera le *Sagittaire* et le
Scorpion. Cette dernière constellation, dont l'étoile
principale est *Antarès*, est la seule à peu près qui rappelle la forme de l'animal dont elle porte le nom. Au-
dessous de la Balance, on voit le *Loup* non dessiné sur
la figure ; plus bas, la tête du *Centaure*, dont le reste
n'est pas visible d'Europe.

Dans la région de l'est, on verra Hercule au zénith ;
au-dessous, la *Lyre* et l'*Aigle* avec sa belle étoile *Altaïr* ; à gauche, la belle constellation le *Cygne*, dont les
cinq étoiles principales dessinent une croix ou un cerf-
volant. Près de l'Aigle, on trouvera le *Dauphin* et *An-
tinoüs ;* sur l'horizon, on verra une partie de *Pégase*
et le Sagittaire déjà connu.

Enfin, l'ouest, à cette époque, n'est orné que de constellations décrites plus haut ; mais il sera utile de les
examiner de nouveau, en comparant les figures du tableau n° 2 avec celles du tableau n° 1, pour apprécier
les changements de position qu'ont subis les constellations diverses entre le 22 mars et le 22 juin.

Conformément aux explications qui précèdent, ce 2e tableau, dressé pour le 22 juin, à 9 heures du soir, se reproduira :

> Le 7 juin, à dix heures du soir ;
> Le 22 mai, à onze heures du soir ;
> Le 7 mai, à minuit ;
> Le 22 avril, à une heure du matin, etc. ;

comme aussi le 7 juillet, à huit heures du soir, si la clarté du jour permet de l'observer.

19. Troisième tableau. A l'origine de l'automne, 22 septembre, nous nous occuperons du troisième tableau. Dès que, installés à notre lieu d'observation,

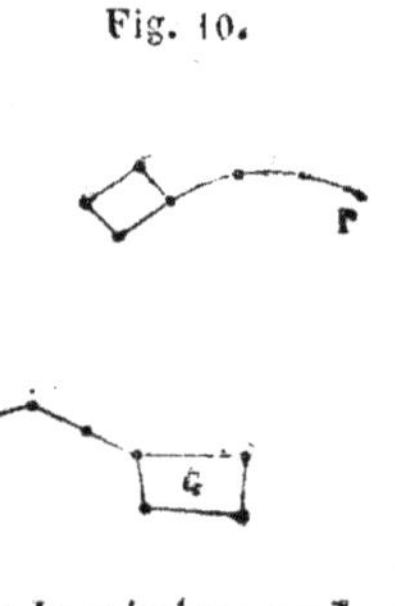

Fig. 10.

nous contemplerons la région nord, nous remarquerons que les deux Ourses occupent des positions G et P (*fig.* 10) diamétralement opposées à celles qu'elles avaient en mars dans le premier tableau (*fig.* 8) ; qu'en même temps, toutes les constellations circompolaires ont subi un déplacement analogue.

Dans la région sud, nous ferons connaissance avec trois nouvelles constellations : le *Capricorne*, formant un grand V très-ouvert ; le *Verseau*, indiqué par quatre étoiles de moyenne grandeur, dont trois décrivent un petit triangle au milieu duquel est la quatrième ; ensuite, le *Poisson austral*, avec son étoile principale nommée *Fomalhaut*. Tout-à-fait à l'horizon, au-dessous du Sagittaire, on pourra voir la *Couronne australe*.

L'est présentera également du nouveau : nous y verrons en haut le grand carré de *Pégase* et *Andromède*, qui ont de commun une belle étoile formant un des angles de ce carré. On remarquera, en outre, que la constellation de Pégase est complétée par la portion qui empiète sur la figure sud. Nous découvrirons encore le

Bélier, à côté duquel seront le Triangle et la Mouche ; ensuite, les *Poissons*, s'étendant en deux branches peu brillantes au-dessous de Pégase ; enfin, nous verrons en bas la *Baleine*, grande constellation non entièrement levée ; en outre, nous retrouverons les Pléiades et Persée, celle-ci étant alors dans une position très-favorable pour l'examiner en détail.

Quand nous tournerons à l'ouest, nous n'aurons rien de nouveau à noter ; mais nous y admirerons d'abord le Bouvier, dont la tête, près de la Couronne, est marquée par un petit trapèze et les genoux par Arcturus ; ensuite, la constellation *Hercule*, entrevue plusieurs fois, mais étalée ici dans toute sa splendeur en face de nous.

En dehors du 22 septembre, ce troisième tableau pourra être étudié :

> Le 7 septembre, à dix heures du soir ;
> Le 22 août, à onze heures du soir ;
> Le 7 août, à minuit ;
> Le 22 juillet, à une heure du matin, etc. ;

ainsi que le 7 octobre, à sept heures du soir ;
> Le 22 octobre, à sept heures du soir ;
> Le 7 novembre, à six heures du soir, etc.

20. **Quatrième tableau.** Arrivés au 22 décembre pour étudier le quatrième tableau, nous n'aurons plus d'embarras, connaissant alors presque toutes les constellations. La saison d'hiver, néanmoins, est la plus favorable aux observations astronomiques, à cause de la longueur des nuits et du beaucoup plus grand nombre d'étoiles visibles. On en profitera donc pour examiner en détail les petites étoiles des diverses constellations que nous n'avons pas dessinées sur nos figures.

Fig. 11.

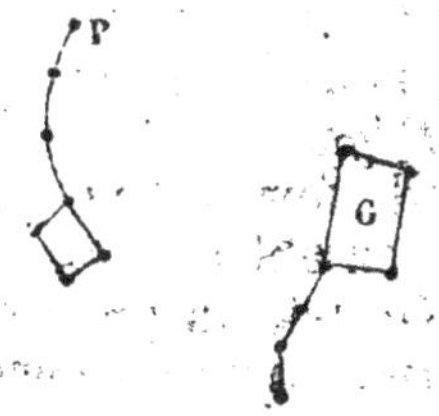

A cette époque, les deux Ourses auront les positions G et P (*fig.* 11), et la Grande Ourse sera complétement visible. On verra au nord, entre cette constellation et Cassiopée, un grand espace peu fourni en étoiles, dans lequel les modernes ont pourtant créé trois constellations nouvelles, qui sont : la *Giraffe*, le *Renne* et le *Messier*.

Le sud du quatrième tableau représentera le Taureau, la Baleine et Orion dans leur complet développement, et on y remarquera, en outre, deux constellations nouvelles : le *Lièvre*, au-dessous d'Orion, et le *Fleuve Eridan*, dont les sinuosités s'étendent entre Orion et la Baleine, pour se perdre dans l'hémisphère austral.

Vers l'est, on verra s'étaler le Cocher et les Gémeaux, et on remarquera une constellation nouvelle : le *Petit Lion*.

Enfin, du côté ouest, on pourra contempler, à l'aise cette fois, la belle constellation de Pégase et celle d'Andromède s'élevant vers le zénith.

Ce quatrième tableau, relatif au 22 décembre, s'est reproduit :

> Le 7 décembre, à dix heures du soir ;
> Le 22 novembre, à onze heures du soir ;
> Le 7 novembre, à minuit ;

et ainsi de suite ; comme il se renouvellera :

> Le 7 janvier, à huit heures du soir ;
> Le 22 janvier, à sept heures du soir ;
> Le 7 février, à six heures du soir, etc.

21. *Remarque*. Il est nécessaire de prémunir les élèves contre une illusion d'optique qui fait paraître les constellations beaucoup plus petites vers le zénith que près de l'horizon. C'est ainsi, par exemple, qu'en mars (premier tableau) la Grande Ourse, qui est en haut, paraît avoir des dimensions beaucoup moindres qu'en décembre (quatrième tableau) ; tandis que Cassiopée, qui est près de l'horizon au premier tableau, apparaîtra bien plus grande en mars qu'en décembre.

22. Couleur des étoiles. Les étoiles sont généralement blanches ; mais on en trouve quelques-unes de colorées, ou nuancées de rouge, de jaune et même de vert : Arcturus, Aldébaran, Antarès sont rouges de feu, tandis que la Chèvre et Altaïr sont jaunes.

23. Étoiles changeantes. Tout n'est pas fixe dans la région des étoiles, comme on le croit au premier abord ; il s'y passe, au contraire, des changements mystérieux, des modifications continuelles, dont nous dirons quelques mots.

Étoiles périodiques. On a donné ce nom aux étoiles dont l'éclat subit des variations graduelles et périodiques très-sensibles ; on en compte vingt-cinq aujourd'hui. La durée de ces changements est comprise entre trois jours et quatre cent quatre-vingt-quinze jours. Nous avons désigné quelques étoiles variables sur nos tableaux uranographiques par l'abréviation *var.*

Ainsi, on trouve l'étoile *Algol* dans la Tête de Méduse (Persée) ; cette étoile variable passe de la deuxième à la quatrième grandeur à chaque période de deux jours vingt heures quarante-neuf minutes.

Bételgeuse, dans Orion, varie périodiquement de la première à la deuxième grandeur dans l'intervalle de cent quatre-vingt-seize jours.

L'étoile variable de la Baleine, nommée *Mira,* est la plus extraordinaire des étoiles périodiques : on la voit briller pendant vingt ou trente jours avec l'éclat de la deuxième grandeur ; ensuite elle diminue rapidement, et finit par disparaître pour deux mois environ. Après ce délai, elle reparaît, et revient peu à peu à son éclat primitif. La période de ces changements est de trois cent trente-deux à trois cent trente-quatre jours.

Étoiles temporaires. On désigne sous ce nom des étoiles qui disparaissent sans retour après avoir brillé un certain temps. Ce phénomène avait été rapporté par les anciens ; mais on n'osait pas y croire, lorsque Tycho-Brahé découvrit, en 1572, une étoile qui se montra tout-à-coup dans Cassiopée, devint très-belle, brilla pendant dix-sept mois environ, et disparut ensuite complétement.

Depuis lors, on a constaté l'apparition et la disparition sans retour de quatre autres étoiles temporaires ; la dernière, signalée par M. Hind, parut en avril 1848 dans le Serpentaire, et s'éteignit au bout de quatre mois.

§ III. LE CIEL VU AU TÉLESCOPE.

Sommaire. — Etoiles télescopiques. — Distance immense des étoiles à la terre. — Etoiles doubles. — Voie Lactée. — Nébuleuses.

24. On n'aurait connu à jamais qu'un petit coin de l'univers si l'industrie humaine n'avait su créer des instruments capables de suppléer à la faiblesse de notre vue.

Quand on approche l'œil d'une lunette astronomique, on est émerveillé du nombre immense d'étoiles nouvelles qu'on découvre dans l'espace : on les compte par centaines au milieu du moindre groupe qui n'en offre que quelques-unes à l'œil nu. Ces étoiles, invisibles sans le secours des instruments d'optique, sont nommées *Etoiles télescopiques*.

On évalue à quarante millions le nombre des étoiles télescopiques observées jusqu'ici, et il ne faut pas s'en étonner : la multitude des astres est infinie incontestablement, et le nombre de ceux qui deviennent perceptibles pour nous doit augmenter sans cesse avec le perfectionnement des télescopes.

Les étoiles télescopiques connues des modernes ont été subdivisées en dix ordres de grandeur apparente, faisant suite aux six ordres anciens, c'est-à-dire comptés du septième au seizième ordre.

25. **Eloignement prodigieux des étoiles.** L'expérience prouve que la visibilité des objets diminue à mesure qu'ils s'éloignent de notre œil. Ainsi, nous discernons tous les détails d'une montagne située dans le voisinage, et quand nous nous transportons à trente, quarante ou cinquante kilomètres, nous ne distinguons

plus de cette montagne qu'une coupe générale perdue dans une teinte bleuâtre. Mais, si nous armons alors notre œil d'une lunette, nous verrons reparaître les détails remarqués auparavant. Enfin, si un éloignement nouveau rend notre lunette impuissante et ramène la confusion, il suffira d'avoir recours à un instrument plus énergique pour reproduire la visibilité, et ainsi de suite.

Certains astres manifestent les mêmes effets : la lune, observée avec une lunette médiocre, ne présente sur son disque qu'une amplification peu saillante dans les taches grisâtres et les points brillants que nous distinguons à l'œil nu, tandis que les grands télescopes modernes permettent de voir clairement que la surface lunaire est entrecoupée de montagnes très-élevées et de profondes vallées dont on mesure les dimensions.

Or, ces instruments précieux, ornements des observatoires nationaux, qui produisent un grossissement énorme sur la lune et sur le soleil, sont absolument impuissants sur les étoiles fixes. Ces dernières, vues aux meilleurs télescopes, n'ont l'apparence que d'un point lumineux comme à l'œil nu. Nous déduirons de là cette conclusion rigoureuse : *que les étoiles fixes sont infiniment plus éloignées de la terre que ne l'est le soleil.*

26. Etoiles doubles, *leur rotation.* Le télescope nous a révélé cet autre fait curieux que, parmi les étoiles visibles ou non à l'œil nu, un grand nombre sont *doubles,* c'est-à-dire qu'elles sont la réunion de deux étoiles très-rapprochées, mais distinctes ; que ces deux astres sont d'inégale grosseur et diversement colorés ; enfin, que la plus petite tourne autour de la plus grande, dans des périodes dont les durées varient entre trente-six ans et douze cents ans.

On connaît aujourd'hui plus de trois mille étoiles doubles. Nous citerons dans ce nombre : *Castor, Régulus, Bételgeuse,* la principale du Bélier, les deux extrêmes du Baudrier d'Orion, α et ζ d'Hercule, γ du Lion, etc.

On a calculé que, dans Castor, la petite étoile tourne autour de la grande dans l'intervalle de deux cent cinquante-trois années ; que cette période n'est que de trente-six années dans l'étoile double ζ d'Hercule, mais qu'elle va jusqu'à douze cents ans pour γ du Lion.

On a rencontré aussi dans le ciel quelques étoiles triples et quadruples : l'étoile α d'Andromède est triple.

27. **Voie Lactée.** Tout le monde a remarqué cette zone blanchâtre, cette bande irrégulière appelée *Voie Lactée,* qui entoure le ciel comme une écharpe et divise la sphère céleste en deux parties presque égales. Les observations télescopiques ont prouvé que cette teinte est due à l'accumulation d'une infinité d'étoiles très-rapprochées dont les irradiations se confondent.

28. **Nébuleuses.** Une autre découverte de la plus haute importance, due aux télescopes, est celle des *nébuleuses.* On appelle nébuleuses des taches blanchâtres, des lueurs diffuses que l'on rencontre çà et là dans l'espace. Quelques nébuleuses sont visibles à l'œil nu, une entre autres dans Andromède (*fig.* 14) ; mais les lunettes en ont fait découvrir plusieurs milliers.

Les nébuleuses affectent des formes bizarres dont les figures 12, 13, 14, 15 et 16 donnent une idée.

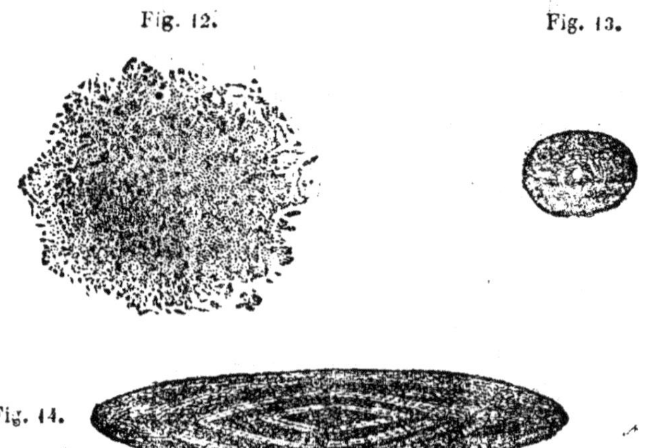

Fig. 12.

Fig. 13.

Fig. 14.

On divise les nébuleuses en deux classes distinctes : en *nébuleuses résolubles* et *nébulcuses non résolubles*.

Fig. 15.

Fig. 16.

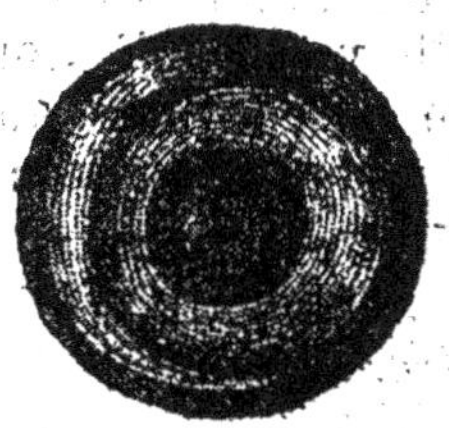

On appelle nébuleuses résolubles celles qui, dans le champ de nos puissants télescopes, se décomposent en un amas d'étoiles très-rapprochées, comme le représente la figure 12 ; ce sont de vraies voies lactées.

Les nébuleuses non résolubles sont celles qui, résistant aux instruments les plus énergiques, n'offrent qu'une masse vaporeuse ; ce sont les véritables nébuleuses.

On comprend que les perfectionnements ultérieurs de nos lunettes astronomiques pourront faire passer certaines nébuleuses de la seconde classe dans la première.

EXERCICES DU LIVRE PREMIER.

1. Qu'entend-on par la sphère céleste ?
2. Définir les pôles du monde.
3. Définir l'équateur et le méridien célestes.
4. D'où vient l'expression de firmament ?
5. Nommer les étoiles de première grandeur visibles en Europe.
6. Quelle est la plus belle étoile du ciel ?
7. Quelle est l'étoile de première grandeur la plus boréale ?
8. Qu'est-ce qu'une étoile périodique ?
9. Qu'entend-on par nébuleuses ?
10. Que signifie l'expression d'étoiles télescopiques ?
11. Définir les étoiles doubles.
12. Prouver que les étoiles sont infiniment éloignées de la terre.

LIVRE II.

DU SOLEIL.

§ Ier. MOUVEMENTS APPARENTS DU SOLEIL.

Sommaire. — Écliptique. — Tropiques. — Équinoxes et solstices. — Origine des ascensions droites. — Zodiaque. — Temps solaire.

29. L'astre majestueux qui distribue la lumière et la chaleur obéit à la rotation diurne de la sphère céleste, mais d'une manière indépendante. Au lieu de paraître fixé au firmament comme les étoiles, cet astre éprouve un déplacement continuel ; il se lève et se couche chaque jour en des points différents de l'horizon. Examinons cette marche à dater du printemps.

Soit C (*fig.* 17) notre point de station sur terre dont le cercle PQP'E représente l'horizon rationnel, et soit PP' la direction de l'axe du monde; alors le plan mené suivant la droite EQ, perpendiculaire à PP', déterminera l'équateur céleste, et l'on aura l'est au point Q et l'ouest au point E. Cela posé, si nous suivons la course du soleil S vers le 22 mars, nous reconnaîtrons qu'il se lève ce jour-là à l'est vrai ou au point Q,

Fig. 17.

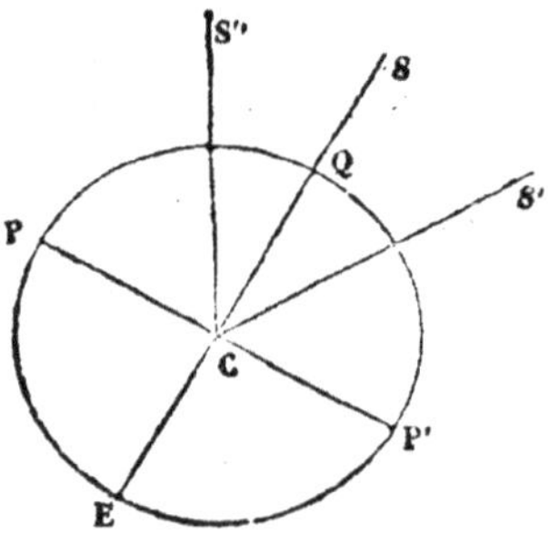

et qu'il se couche à l'ouest vrai en E. A dater de cette époque et pendant trois mois, l'astre radieux se lève et se couche chaque jour un peu plus au nord et se rapproche du pôle P, jusqu'à ce qu'il ait atteint, au 22 juin, origine de l'été, une position S″ dont la déclinaison boréale SCS″ est de 23° 27′ 30″. Arrivé à ce maximum, le soleil revient sur ses pas pendant trois autres mois, et se retrouve sur l'équateur Q au 22 septembre où commence l'automne. Alors, l'astre du jour quitte notre hémisphère et s'avance vers le pôle sud P′ pendant une nouvelle période de trois mois ; de telle sorte que le 22 décembre, début de l'hiver, il atteint à une déclinaison australe SCS′ égale à SCS″. Enfin, le soleil revient de cette position pendant les trois mois d'hiver, pour se retrouver sur l'équateur Q en mars et recommencer sa course annuelle.

A défaut d'observatoire pour constater exactement cette marche du soleil, on peut employer un *gnomon*,

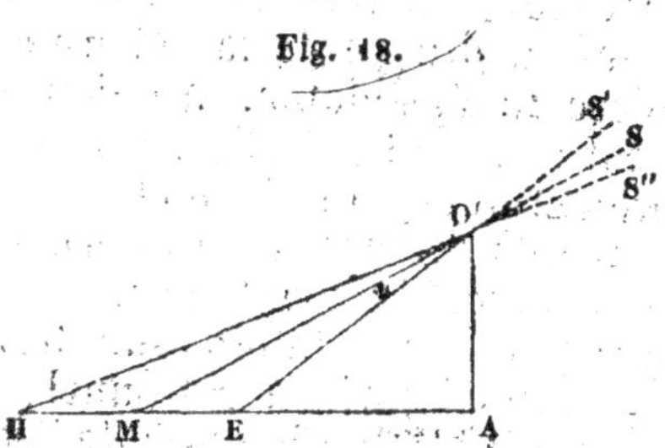

c'est-à-dire un piquet AO (*fig.* 18) fixé verticalement sur un plan horizontal ou un sol uni : en marquant chaque jour, à midi, le point où aboutit l'extrémité de l'ombre de ce gnomon, on verra que le soleil, en mars et en septembre, est dans la position SOM de l'équateur ; que, pendant l'été, l'ombre AM du piquet se raccourcit et devient AE quand le soleil, s'avançant dans notre hémisphère, arrive à sa plus grande hauteur S′OE en juin ; qu'au contraire, l'ombre s'allonge vers AH en hiver, à mesure que le soleil s'abaisse jusqu'à sa déclinaison australe S″OH.

Le déplacement du soleil en déclinaison n'est pas le seul qu'il éprouve sur la sphère céleste ; cet astre s'avance aussi continuellement en ascension droite vers l'est. On constate ce second mouvement par ce fait d'observation que les passages successifs du soleil par le méridien d'un même lieu sont en retard sur ceux des étoiles de quatre minutes environ chaque jour ; c'est-à-dire que, demain, l'astre radieux passera par notre méridien quatre minutes plus tard que l'étoile avec laquelle il s'y rencontre aujourd'hui ; qu'après-demain, ce retard sera de huit minutes, et ainsi de suite ; de telle sorte que ces deux astres ne se rencontreront plus au même passage qu'au bout d'une année.

Nous donnerons plus tard l'explication de ces deux déplacements du soleil. Quoi qu'il en soit, on comprend ici que le mouvement de cet astre en ascension droite, en sens contraire de la rotation diurne, est la cause de l'avance quotidienne qu'éprouve le lever des étoiles signalée au n° 15.

30. **Écliptique céleste.** La route apparente du soleil dans l'espace, sous l'influence de son triple déplacement, est donc fort compliquée, obligé qu'il est d'obéir : 1° à la rotation diurne qui l'entraîne à l'ouest ; 2° aux variations en ascension droite qui le portent vers l'est ; 3° aux changements en déclinaison qui l'éloignent et le rapprochent alternativement de l'équateur, de manière à lui faire parcourir deux fois par an une zone de 47 degrés de largeur environ, c'est-à-dire de deux fois 23° 27' 30".

Pour simplifier la question, on se contente de déterminer les points successifs que le soleil vient occuper dans le ciel chaque jour à midi, ce qui revient à faire abstraction de la rotation diurne du firmament. Or, les calculs astronomiques ont prouvé que lorsqu'on prend, chaque jour, à l'instant du passage du centre du soleil par le méridien, l'ascension droite et la déclinaison de ce centre pour en déterminer la position dans l'espace, et qu'ensuite on transcrit ces données sur un globe artificiel PP" *(fig.* 19) représentant la

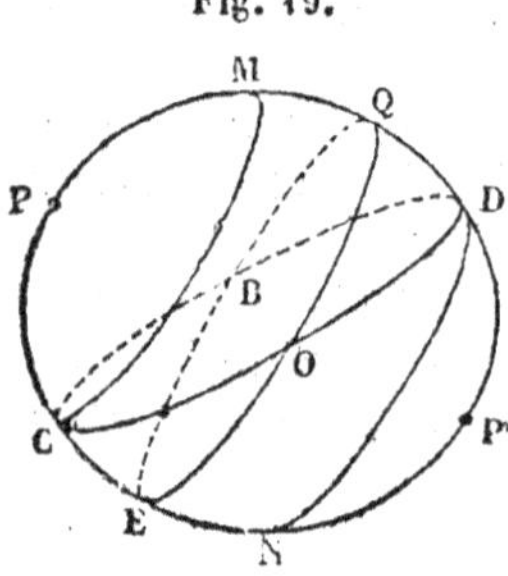

Fig. 19.

sphère céleste, on trouve que ces points s'alignent sur une circonférence de grand cercle CODB, c'est-à-dire qu'ils sont situés sur un seul et même plan passant par le centre du monde. Ce plan, qui coupe celui de l'équateur EQ sous un angle QOD de 23° 27′ 30″, est nommé le *plan de l'écliptique*, et sa trace sur la sphère céleste ou la circonférence CD, lieu des passages journaliers du soleil, est dite l'*écliptique céleste*. La valeur angulaire 23° 27′ 30″ désigne l'*obliquité* du plan de l'écliptique sur le plan de l'équateur.

31. **Tropiques célestes.** On donne le nom de *tropiques* aux deux parallèles CM, DN que l'on conçoit menés par les points extrêmes M et D des déclinaisons boréaleset australes du soleil. Ces deux cercles parallèles à l'équateur en sont éloignés d'une distance angulaire de 23° 27′ 30″. Le tropique MC, situé dans notre hémisphère boréal, est dit *tropique du Cancer*, parce qu'il passe par la constellation de ce nom; l'autre DN est le *tropique du Capricorne*.

32. **Equinoxes et Solstices.** L'écliptique CD et l'équateur EQ (*fig.* 19) se coupent en deux points B et O diamétralement opposés, qu'on nomme les *points équinoxiaux* ou les *équinoxes*; cette dénomination vient de ce que la durée du jour est égale à celle de la nuit quand le soleil, dans sa course annuelle sur l'écliptique, arrive en ces points, vers le 22 mars et le 22 septembre.

Le point équinoxial B, où se trouve le soleil en mars quand il quitte l'équateur pour s'avancer dans notre hémisphère boréal, est dit l'*équinoxe de printemps*; le point O, d'où le soleil passe dans l'hémisphère austral, vers le 22 septembre, est l'*équinoxe d'automne*.

On appelle *solstices* ou *points solsticiaux* les points C et D de l'écliptique les plus éloignés de l'équateur et par où passent les tropiques. La dénomination de solstice tient à ce que le soleil, dans ses changements en déclinaison, paraît stationnaire près de ces points alors qu'il cesse de s'éloigner de l'équateur pour revenir sur ses pas.

Le point C de l'hémisphère boréal, où l'écliptique et le tropique du Cancer se touchent, est nommé le *solstice d'été*, parce que le soleil y arrive au 22 juin ; l'autre point de contact D, dans l'hémisphère austral, entre l'écliptique et le tropique du Capricorne, est dit le *solstice d'hiver* et correspond au 22 décembre.

33. Origine des ascensions droites. L'équinoxe de printemps B, par lequel passe le soleil quand il vient pour six mois visiter notre hémisphère boréal, a été choisi pour l'*origine* des ascensions droites ; en conséquence, le méridien de ce point est le premier méridien qui sert à évaluer les coordonnées célestes des astres (n° 10).

34. Zodiaque. Les douze constellations, que nous avons nommées équatoriales (n° 13), se trouvent distribuées autour de l'écliptique CD (*fig.* 20), et y occupent une bande ou zone qui s'étend à huit degrés environ de chaque côté de la circonférence CD ; or, cette zone de seize degrés de largeur est appelée *zodiaque*. Les douze constellations indiquées porteront donc le nom de *constellations zodiacales*.

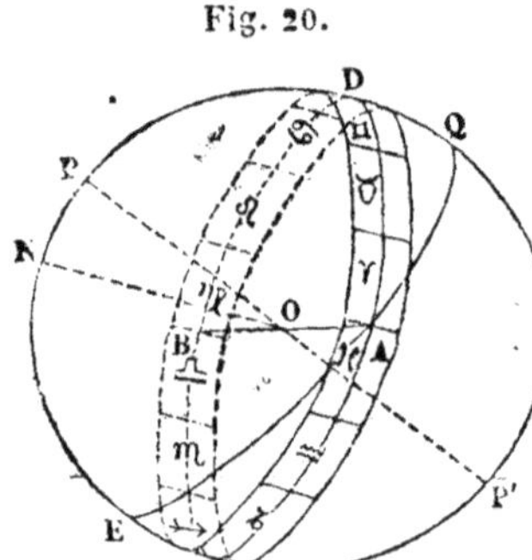

Fig. 20.

La circonférence entière du zodiaque a été subdivisée en douze parties égales de trente degrés chacune, qu'on a nommées les douze *signes du zodiaque*. Ces signes, marqués d'un caractère particulier, comme on le voit sur la figure 20, ont reçu les mêmes noms que les constellations zodiacales qui leur correspondaient ; mais nous verrons plus loin la distinction qu'il faut établir aujourd'hui entre ces deux divisions.

Le point de départ des douze signes du zodiaque est l'équinoxe de printemps A, origine des ascensions droites. Nous allons les dénommer par ordre et indiquer les *caractères* qui les représentent ; ce sont : ♈ le *Bélier*, ♉ le *Taureau*, ♊ les *Gémeaux*, ♋ l'*Ecrevisse* ou *Cancer*, ♌ le *Lion*, ♍ la *Vierge*, ♎ la *Balance*, ♏ le *Scorpion*, ♐ le *Sagittaire*, ♑ le *Capricorne*, ♒ le *Verseau*, ♓ les *Poissons*.

Le soleil, dans sa course annuelle sur l'écliptique, semble parcourir successivement les douze signes du zodiaque, et correspond à un signe chaque mois.

35. **Temps solaire.** La marche apparente du soleil règle la succession des jours et des saisons, et sert à mesurer le temps. Elle constitue donc le *temps solaire*, qui est subdivisé en années, jours, heures, minutes et secondes.

L'*année solaire* est l'intervalle qui s'écoule entre deux passages consécutifs du soleil par le même équinoxe ; c'est la durée des quatre saisons.

Le *jour solaire* est le temps écoulé entre deux passages consécutifs du soleil par le méridien d'un même lieu, ou entre deux midis immédiats.

L'année solaire se compose de trois cent soixante-cinq jours solaires, plus une fraction de jour presque égale à un quart ; le jour est subdivisé en vingt-quatre heures solaires, l'heure en soixante minutes et la minute en soixante secondes.

Le jour solaire est plus grand que le jour sidéral (n° 11) de quatre minutes environ, à cause du déplacement journalier du soleil en ascension droite vers l'est (n° 29).

§ II. CONSTITUTION PHYSIQUE DU SOLEIL.

Sommaire. — Taches, lucules et facules du soleil. — Cet astre est un globe tournant sur lui-même. — Son diamètre apparent. — Sa constitution physique.

36. **Taches solaires.** On a longtemps regardé le soleil comme un corps en ignition, un foyer dévorant sans cesse alimenté n'importe avec quel combustible.

Cette appréciation grossière n'est plus permise aujour-
d'hui que nous produisons de la chaleur et de la lumière
sans combustion, que nous fabriquons des soleils artificiels par l'électricité.

Le disque solaire, étudié au télescope, offre des
nuances variées, des parties fort inégalement éclairées
qui ont reçu des noms particuliers et nous ont permis
de comprendre la constitution de cet astre.

Lucules. On désigne par le mot de lucules certaines
rides lumineuses qui s'entre-croisent innombrables sur
la surface du soleil et lui donnent un aspect pointillé.

Facules. On nomme facules quelques parties du disque solaire qui brillent d'un éclat beaucoup plus intense
que le reste de la surface. Les facules ne sont pas très-
nombreuses, et elles changent de forme et de position.

Fig. 21.

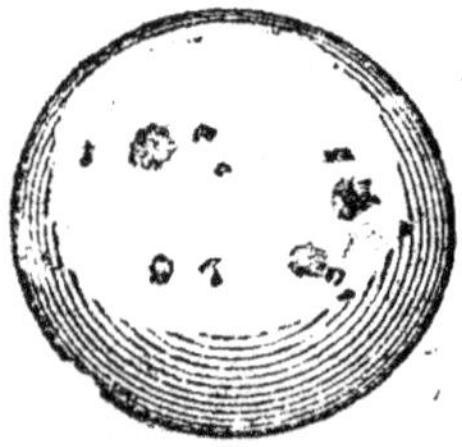

Taches. En outre des lucules et
des facules, la surface du soleil est
souvent envahie par des nuances
sombres qu'on a appelées des *taches solaires* (*fig.* 21). Ces taches,
temporaires en général, se succèdent, se modifient, atteignent quelquefois de très-grandes dimensions;
et tandis que les unes disparaissent
bientôt, d'autres persistent et reparaissent périodiquement.

Fig. 22.

Dans les grandes taches solaires, on distingue deux nuances concentriques (*fig.*
22), l'une intérieure, tout-à-fait noire, appelée le *noyau;* l'autre extérieure, moins
sombre, qu'on nomme la *pénombre.*

37. Globe solaire, sa rotation. La découverte des
taches du soleil a été une bonne fortune pour l'astronomie, en ce qu'elles rendent sensibles la forme et la
rotation de cet astre.

Les mesures micrométriques ont prouvé que le disque solaire présente constamment un cercle parfait,

comme il nous apparaît à la vue simple. D'un autre côté, l'observation attentive des taches démontre qu'elles sont entraînées du bord oriental au bord occidental de l'astre par un mouvement d'ensemble ; qu'une même tache, après avoir disparu à l'occident, reparaît plus tard à l'orient ; qu'enfin les taches, ayant une forme ronde vers le milieu du disque, deviennent ovales vers les bords. On a conclu de tous ces faits que le soleil est un corps sphérique tournant sur son axe, d'occident en orient, dans une période de vingt-cinq jours et demi environ. Ce globe, d'ailleurs, est librement supendu dans l'espace, puisqu'il se déplace continuellement.

38. Diamètre apparent du soleil. Le diamètre que nous présente le disque solaire, sauf quelques variations, a une valeur moyenne de trente-deux minutes, c'est-à-dire que les rayons visuels qui partent de deux points diamétralement opposés sur ce disque font dans notre œil un angle de trente-deux minutes. Le maximum de cet angle, en janvier, est $32'\ 35'',6$, ou bien de $1955'',6$, et le minimum, en juillet, descend à $31'\ 32''$, ou $1892''$.

Les variations périodiques dans la valeur angulaire du diamètre apparent du soleil, annoncent que cet astre, dans sa course annuelle, se rapproche et s'éloigne alternativement de la terre.

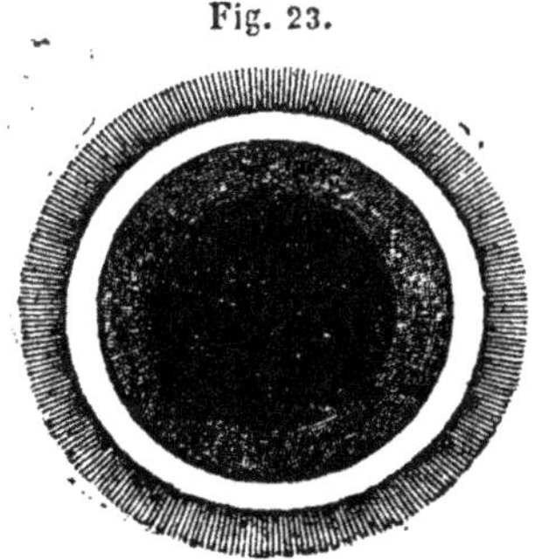

Fig. 23.

39. Constitution du soleil. L'observation des taches solaires conduisit les astronomes habiles, tels que Herschell et Arago, à la connaissance de la constitution physique de l'astre radieux. Ces princes de la science ont établi que le soleil est un globe composé au moins de trois sphères concentriques de nature différente (*fig.* 23), lesquelles sont :

1º Un noyau central, opaque et solide ;

2º Une première enveloppe de matière nuageuse, mais compacte et réfléchissante ;

3º Une seconde enveloppe gazeuse et lumineuse par elle-même, une sorte d'atmosphère éclatante qu'on nomme *photosphère*.

Dès lors la production des taches solaires s'explique très-bien : on comprend que les enveloppes mobiles du soleil doivent être soumises à des fluctuations qui amènent des ruptures temporaires à travers lesquelles se montre le noyau opaque qui nous apparaît en noir.

Les amateurs privés de lunettes peuvent se donner le plaisir d'examiner les taches solaires sur l'image de cet astre reçu dans une *chambre obscure*.

EXERCICES DU LIVRE II.

1. Comment s'assure-t-on que le soleil est un corps sphérique, isolé dans l'espace et tournant sur lui-même ?

2. Qu'est-ce que l'écliptique ?

3. Définir les équinoxes et les soistices.

4. Que nomme-t-on zodiaque ?

5. Dénommer les signes du zodiaque et indiquer leur ordre.

6. Définir le jour solaire.

7. Expliquer la différence qui existe entre le jour solaire et le jour sidéral.

LIVRE III.

DE LA TERRE.

---

§ Ier. PREMIÈRES NOTIONS SUR LA TERRE.

Sommaire. — La terre est un corps sphérique. — Pôles, équateur, méridiens et parallèles terrestres. — Horizon rationnel et horizon sensible. — Antipodes. — Constitution de la terre.

40. Le lecteur doit avoir hâte de quitter le ciel pour étudier la terre. Malheureusement nous sommes mal placés pour contempler ce globule que l'homme, dans son orgueil, appelle le monde parce qu'un instant il le touche du pied ; aussi la terre est bien peu connue de l'innombrable population qui s'y démène pour accomplir les desseins de Dieu.

Le vulgaire regarde la terre comme un plateau sans limites, entrecoupé de montagnes et de vallées ; il croit que la mer est plane et la profondeur du sol infinie. Le détromper serait difficile ; il faudrait l'instruire auparavant. Nous bornerons donc notre ambition à être compris de l'élève intelligent, porté de bonne volonté.

Notre terre est un corps matériel, et, en cette qualité, elle a nécessairement des bornes ; ainsi, quelle que soit sa forme, son étendue, sa profondeur, il y a des limites au delà desquelles la terre finit et le vide commence. D'un autre côté, puisque les astres, dans leur rotation diurne, se lèvent à l'est, passent sur nos têtes, se couchent à l'ouest, reparaissent le lendemain à l'orient, ne faut-il pas qu'ils passent sans obstacle au-dessous du sol? Donc la terre est isolée dans l'espace, et l'on peut dire en toute vérité : *la terre est en l'air.*

Mais quelles sont la forme et les dimensions de ce corps suspendu comme le soleil et comme bien d'autres astres que nous rencontrerons plus loin?

41. La terre est une sphère. Nous disons d'abord que la terre est un corps arrondi ou à surface courbe, et la forme circulaire de l'horizon en est un premier indice ; mais le lecteur sera convaincu du fait, s'il se rappelle le voyage que nous lui avons imposé (n° 6) de Paris au cap de Bonne-Espérance, bien qu'alors les préoccupations du ciel lui aient fait perdre la terre de vue.

En effet, puisqu'en allant de Paris en Afrique on voit s'abaisser le pôle nord, diminuer successivement le nombre des étoiles circompolaires, pendant qu'au sud surgissent d'astres nouveaux, il faut que le sol sur lequel on marche soit bombé, car, s'il était plan, ces changements ne s'opéreraient pas. La terre est donc courbe, au moins dans le sens des méridiens.

La rotondité du sol de l'est à l'ouest n'est pas moins manifeste : les voyageurs munis de bonnes montres constatent, tous les jours, que le soleil ne se lève et ne se couche pas au même instant pour des lieux situés à l'est les uns des autres. On sait, par exemple, qu'alors que le soleil paraît sur l'horizon de Paris, il est levé depuis deux heures à Sévastopol ; qu'il brille depuis six heures au Thibet, depuis neuf heures au Japon ; tandis qu'au même instant l'aurore commence à peine aux îles Canaries, et que l'Amérique est plongée pour longtemps encore dans les ténèbres de la nuit. Il en serait tout autrement si la surface de la terre était plane : le soleil levant serait vu de tous les pays à la fois, et le jour s'y ferait au même instant, malgré les montagnes.

C'est ainsi qu'une bougie allumée à mes pieds et que j'élève peu à peu jusqu'à la hauteur de ma table, en éclaire la surface tout entière, malgré les ondulations du tapis, dès que la flamme arrive au niveau du bord de cette table.

La surface de la terre est donc convexe dans tous les sens.

L'observation prouve, d'ailleurs, que la mer participe à la courbure de la terre ferme. Un navire sortant d'un port A (*fig.* 24) reste visible tout entier jusqu'à la

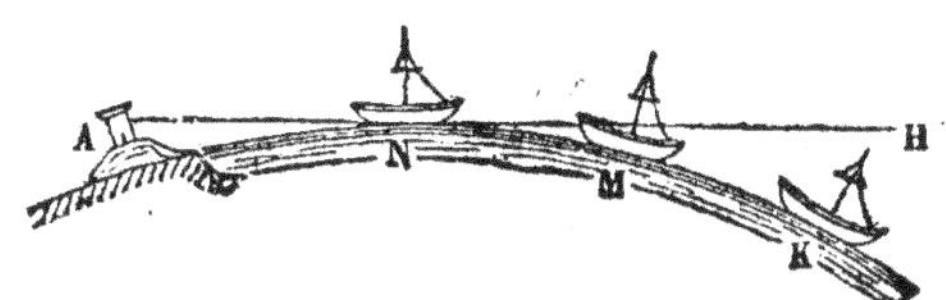

Fig. 24.

limite N de l'horizon apparent ; mais on le voit ensuite s'abaisser peu à peu comme s'il s'enfonçait dans l'eau, et, parvenu en M, il ne montre plus que ses mâts ; enfin, le vaisseau disparaît tout-à-fait vers le point K.

Il ne faudrait pas attribuer légèrement cette disparition à l'éloignement ou à la faiblesse de notre vue ; car, si l'observateur monte rapidement au sommet d'une tour élevée, il reverra le navire dans son entier, comme au point N. Ce n'est donc que la courbure NMK de la surface de l'eau qui cache la vue de cette machine au spectateur placé en A.

L'expérience en sens inverse n'est pas moins concluante : les marins ont remarqué qu'ils sont bientôt en *pleine mer*, c'est-à-dire qu'ils perdent la terre de vue à une faible distance du point de *partance ;* de plus, que les crêtes des montagnes dominent l'horizon liquide beaucoup plus longtemps que leurs pieds, et qu'elles reparaissent bien avant qu'on aperçoive le port d'arrivée. Ces effets ne s'expliquent que par la convexité de la surface des mers.

Il est donc surabondamment prouvé que la terre est ronde, mais il faut démontrer encore qu'elle est sphérique ; or, une simple opération de géométrie en donne une première preuve. Transportons-nous dans une vaste plaine, ou mieux sur un îlot en pleine mer, et fixons en un point O du sol BB' (*fig.* 25) un instrument convenable pour mesurer l'angle VAB, que fait la verticale OV de la station avec le rayon visuel AB dirigé vers un point de l'horizon apparent; si nous faisons ensuite parcourir tout le tour de l'horizon à notre rayon visuel,

Fig. 25.

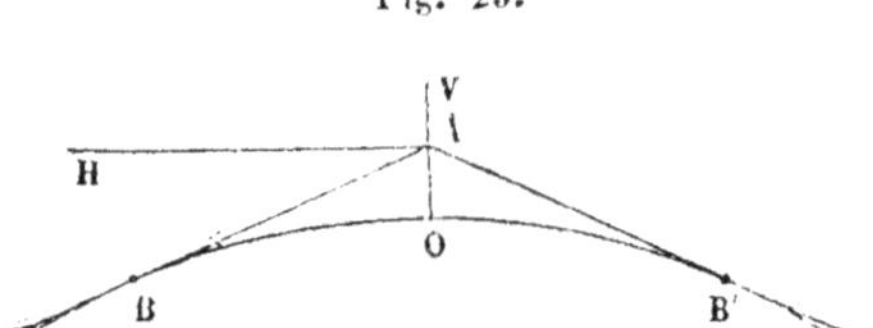

nous verrons que l'angle observé reste constamment le même pour toutes les directions, et nous en conclurrons que la limite de l'horizon apparent est une circonférence de cercle déterminant sur le sol une calotte sphérique dont le point O est le sommet.

Cette opération exécutée dans tous les pays donne un résultat identique, et prouve forcément que *notre terre est une sphère ayant pour centre le point de concours des verticales menées aux divers points de la surface.*

L'angle VAB, toujours obtus, surpasse l'angle droit VAH d'une petite quantité HAB, qu'on nomme la *dépression de l'horizon* pour l'œil de l'observateur A. Cette dépression est d'autant plus considérable que l'opérateur est plus élevé au-dessus du point O.

La valeur de cet angle a fait connaître approximativement la longueur du rayon terrestre, estimé par là à sept millions de mètres environ.

42. Pôles et cercles du globe terrestre. La sphéricité apparente des cieux est l'effet de la sphéricité réelle de la terre. En effet, puisque nous ne marchons pas sur un plateau, mais sur une boule, notre verticale en voyage change de direction à chaque instant, et décrit dans le ciel une courbe semblable à celle que tracent nos pieds. On comprend par là que le point caché sous terre, que nous avons appelé le centre du monde (n° 7), n'est autre que le centre de la terre, et que la sphère céleste, toute fictive qu'elle soit, est nécessairement concentrique avec la sphère réelle que nous habitons. Les grands cercles de ces deux sphères sont donc dans de mêmes plans.

Cela posé, admettons que le globe terrestre soit la figure EPQP' (*Fig. 26*) ; par le centre T de ce globe et

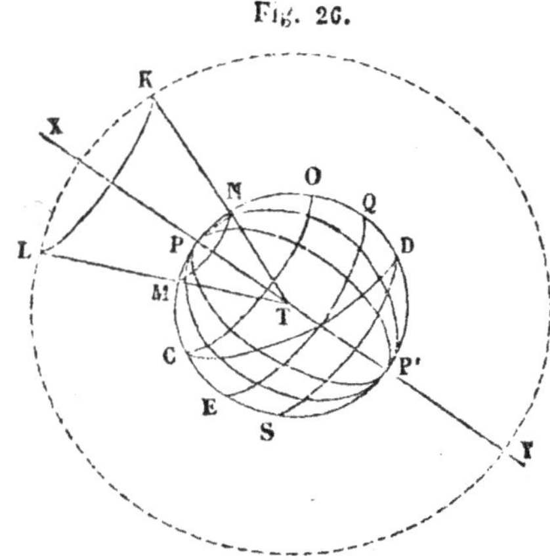

Fig. 26.

par le pôle céleste que nous voyons d'Europe, concevons une droite indéfinie XY qui ira passer par le pôle céleste invisible et sera l'axe du monde du n° 7 ; enfin, supposons que le cercle pointillé LXKY indique la surface idéale de la sphère céleste, autrement dit la région vague des étoiles. L'axe XY coupera la surface de la terre en deux points opposés P, P', situés verticalement au-dessous des pôles célestes, et que l'on a nommés les *pôles terrestres*, l'un *nord* ou *boréal* P. l'autre *sud* ou *austral* P' ; la portion de cette droite PTP', comprise entre les deux pôles terrestres, est l'*axe* de notre globe.

Le plan que l'on conçoit mené par le centre T perpendiculairement à l'axe XY, et que nous avons nommé l'équateur céleste (n° 9), coupe la terre suivant un grand cercle EQ, qui est l'*équateur terrestre*, lequel divise notre globe en deux hémisphères, l'*hémisphère boréal* ECPNQ, et l'*hémisphère austral* QDP'E. *L'équateur est donc un grand cercle de notre globe, situé à égale distance des pôles.*

Toute section faite sur la sphère terrestre par un plan passant par son axe PP', c'est-à-dire par les pôles, détermine un grand cercle, tel que EPQP' qui porte le nom de *méridien terrestre*. On voit sur la figure les traces de plusieurs méridiens, lesquels sont respectivement situés dans les plans de méridiens célestes.

Tout plan, tel que MN, CO, DS, etc., qui coupe la terre perpendiculairement à l'axe PP' sans passer par le centre T, divise le globe en deux parties inégales, et détermine *un parallèle* ou *un petit cercle* de la sphère terrestre. Ces parallèles, d'autant plus petits qu'ils sont situés plus près des pôles, sont parallèles à l'équateur et perpendiculaires aux méridiens.

Nous avons vu que l'écliptique céleste est déterminé par les positions successives qu'occupe le centre du soleil, à midi, pour les divers jours de l'année ; or, chacune de ces positions journalières correspond à un point de la terre situé verticalement au-dessous du point céleste, et leur ensemble constitue, sur la surface de notre globe, une circonférence CD qui est l'*écliptique terrestre*, lequel coupe l'équateur terrestre EQ sous un angle de 23° 27′ 30″.

Les parallèles CO, DS, menés à 23° 27′ 30″ de l'équateur, sont dits les *tropiques terrestres* ; CO est le tropique du Cancer, et DS le tropique du Capricorne. Les tropiques touchent l'écliptique en un seul point C et D.

Il nous reste enfin à revenir sur le mot horizon employé tant de fois déjà.

En rapprochant la définition de la verticale n° 9 de la conclusion du n° 41, on comprendra que la verticale d'un lieu est le prolongement du rayon terrestre qui joint le centre de la terre à ce lieu ; qu'en conséquence, la direction de la verticale change avec le lieu. On comprend de plus que, la terre étant sphérique, le point que chacun de nous occupe sur cette boule doit être le point culminant du sol par rapport à nous.

Cela posé, soit T (*fig.* 27) le centre de la terre, A le lieu de notre station, et le rayon TAZ notre verticale : le plan HTH', mené par le centre T, perpendi-

culairement à la verticale TA, est l'*horizon rationnel*
du point A, tandis qu'on nomme *horizon sensible* un
autre plan BAC mené par le
même point A parallèlement
à l'horizon rationnel HH'.
L'horizon sensible, peu différent de l'horizon visuel ou
apparent dans un lieu découvert, s'en distingue néanmoins
en ce qu'il ne touche le sol
qu'au point A et qu'il passe à travers les montagnes
et les vallées.

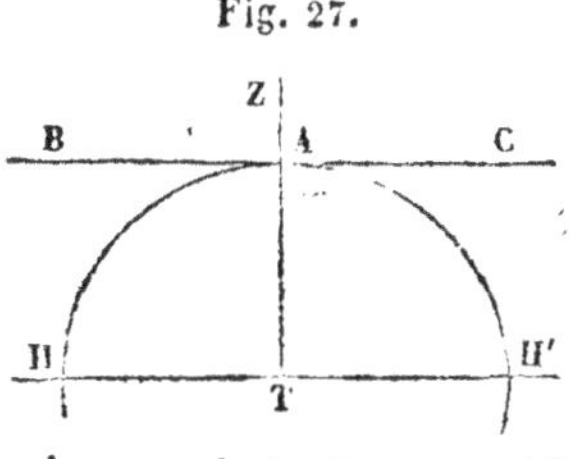

L'horizon sensible et l'horizon rationnel sont donc
deux plans parallèles éloignés d'une distance égale au
rayon de la terre ; ces deux plans, néanmoins, se confondent en un seul quand on les considère prolongés
jusqu'aux espaces célestes.

43. Antipodes. La pesanteur, cette force permanente
qui sollicite tous les corps à se diriger vers le centre de
la terre, explique très-bien la forme sphérique de notre
globe, car toutes les particules des corps solides, li-
quides et gazeux, poussées ainsi suivant la verticale, ne
peuvent que s'agglomérer en couches circulaires autour
du centre terrestre. La pesanteur fait comprendre également les *antipodes,* c'est-à-dire la direction opposée
que prennent les corps des personnes qui habitent aux
deux extrémités du même diamètre de la terre. Le mot
d'antipode a la vertu d'exciter le sourire et les sarcas-
mes de l'ignorant : il ne peut concevoir, dit-il, des habitants ayant la tête en bas. L'erreur du vulgaire provient du sens vicieux qu'il attache aux expressions *en
haut, en bas.* Il ne comprend pas que *tomber,* aller en
bas, c'est obéir à la pesanteur et se diriger vers le centre
de la terre ; que *monter,* aller en haut, c'est vaincre la
pesanteur et s'éloigner du même centre ; qu'ainsi, l'*en
bas,* c'est l'intérieur du globe, et l'*en haut,* les espaces
célestes.

Pour qu'un homme droit sur ses pieds conserve l'équilibre, il faut que l'axe de son corps soit dans la direction du rayon terrestre qui passe entre ses pieds. Ainsi deux hommes A et B (*fig. 28*) qui marchent sur le sol ont leurs pieds plus rapprochés que leurs têtes, à cause de l'angle ATB que font leurs verticales TA, TB ; de plus, la différence entre ces deux distances augmente à mesure que les voyageurs s'écartent davantage.

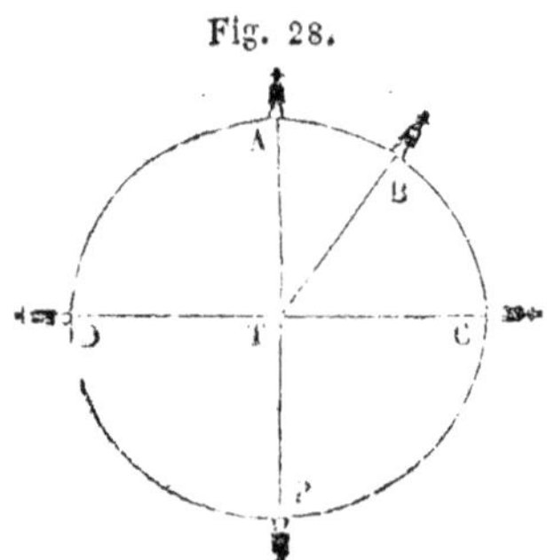

Fig. 28.

Quand nos deux hommes A et B auront parcouru assez de chemin pour être séparés par un quart de circonférence AC, les axes de leurs corps, ou leurs verticales, feront l'angle droit ATC ; enfin, s'ils arrivent aux extrémités du même diamètre AP, ils seront *antipodes*, ou opposés par les pieds ; néanmoins, ces deux personnes n'auront pas cessé d'avoir les pieds en bas et la tête en haut, parce que chacune d'elles aura constamment l'axe de son corps dirigé vers le ciel au-dessus de sa tête, et vers le centre du globe au-dessous des pieds.

44. Constitution physique du globe terrestre. Les voyages nombreux autour du monde ont confirmé tout ce que nous avons dit jusqu'ici, et fait connaître la composition matérielle de notre globe. On sait que la terre qu'habite l'homme est formée des trois parties distinctes suivantes :

1° Une partie solide, appelée *terre ferme*, constituant la charpente du globe, c'est-à-dire les continents, les îles et le fond des mers. A la vérité, ce n'est pas dans toute sa profondeur que cette partie conserve la solidité que nous présentent les montagnes ; les parties centrales sont, au contraire, dans un état de fusion ignée qui se révèle par les éruptions volcaniques. On pense même que la croûte solidifiée n'a pas atteint plus de quatre-vingts kilomètres d'épaisseur ;

2° La seconde partie est ce *liquide* qui forme les rivières et les mers. En apparence, ce serait la plus considérable, car la mer recouvre plus des trois quarts de la surface terrestre ; mais sa profondeur n'est pas supérieure à la hauteur des grandes montagnes ;

3° La troisième partie, *gazeuse*, est l'enveloppe transparente, invisible, mais matérielle pourtant, qui, sous le nom d'*atmosphère*, entoure la terre de toutes parts. Cette masse d'air, ce réservoir des gaz et des vapeurs qui s'exhalent du sol, cette région des vents, des nuages et des *météores*, a une épaisseur mal définie que l'on estime entre cinquante et cent kilomètres.

§ II. COORDONNÉES GÉOGRAPHIQUES.

Sommaire. — Longitude et latitude terrestres. — Cartes géographiques. — Projections orthographiques et stéréographiques. — Carte de France. — Principes des cadrans solaires.

45. Longitudes et latitudes. Pour déterminer la position des divers points de la surface sphérique de la terre, il faut les rapporter à deux grands cercles qui se coupent à angles droits, tels que l'équateur et un premier méridien, comme nous l'avons fait (n° 10) pour les coordonnées célestes.

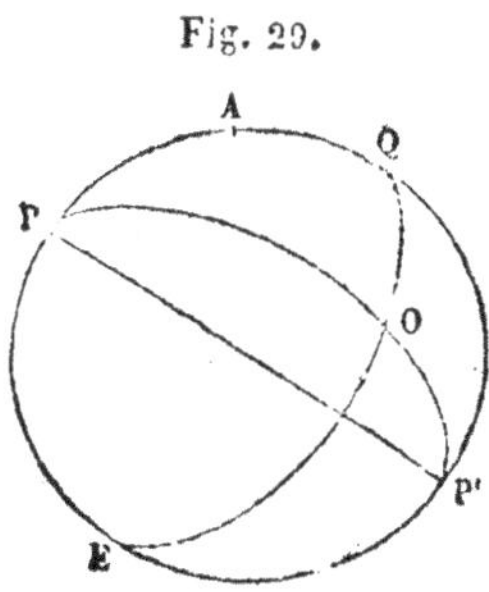

Fig. 29.

A cet effet, supposons que PP' (*fig.* 29) soit l'axe de la terre, EQ son équateur et POP' le premier méridien choisi ; le point O, où se coupent ces deux grands cercles, est l'origine des coordonnées géographiques. Or, un point A de la surface terrestre sera déterminé de position quand on connaîtra 1° la distance qui sépare son méridien PAP' du premier méridien POP'; 2° la distance à laquelle ce même point A se trouve de l'équateur EQ. Ces distances sur une sphère ne peuvent être que des arcs de grand cercle ; ainsi l'arc d'équateur OQ, compris entre les deux méridiens, mesure la distance angulaire de ces méridiens, et l'arc de méridien AQ exprime la distance angulaire du point donné à l'équateur. Cela posé, la valeur de l'arc OQ comptée sur l'équateur est nommée la *longitude* du point A, et la valeur de l'arc AQ prise sur le méridien est dite la *latitude* de ce même point.

Les longitudes géographiques correspondraient aux ascensions droites et les latitudes aux déclinaisons célestes (no 10), si le premier méridien terrestre et le premier méridien céleste se confondaient ; mais cet accord n'existe pas.

Les anciens avaient adopté pour premier méridien terrestre celui qui passe par l'île de Fer, la plus occidentale de l'archipel des Canaries, parce que c'était alors la limite du monde connu. Ce choix n'eut plus sa raison d'être après la découverte de l'Amérique, et les rivalités nationales ont amené chaque peuple à avoir son premier méridien. Ainsi nous, Français, nous prenons le méridien qui passe par l'Observatoire de Paris, et l'origine des coordonnées géographiques pour nous est le point où ce méridien de Paris rencontre l'équateur. Cette origine se trouve située dans le golfe de Guinée (Afrique), à quatre degrés ouest de l'île Saint-Thomas.

En conséquence, pour nous, *la longitude d'un point sur la surface terrestre est l'arc d'équateur compris entre le méridien de ce lieu et le méridien de Paris ;*

La latitude d'un point est l'arc de méridien compris entre ce lieu et l'équateur.

Les longitudes géographiques, comptées sur l'équateur à dater du méridien de Paris, sont exprimées en degrés, minutes et secondes, depuis zéro jusqu'à 180°, parce qu'on prend une demi-circonférence à l'est et l'autre à l'ouest, ce qui donne les *longitudes orientales* et les *longitudes occidentales*.

Les latitudes géographiques, prises sur les méridiens

entre l'équateur et les pôles, et exprimées également en degrés, minutes et secondes, ne peuvent être comptées que de zéro à 90° ; elles sont dites *latitudes boréales* dans notre hémisphère, et *latitudes australes* quand on les prend dans l'hémisphère austral.

D'après ces définitions, il est évident que tous les points du sol situés sous le même demi-méridien ont une longitude commune, et que tous les points d'un même parallèle ont la même latitude.

46. Nous avons à traiter maintenant ce double problème : *Déterminer la longitude et la latitude d'un lieu donné.* Sans entrer dans les détails que comporte cette grande question, nous allons en indiquer les principes :

1° **Trouver la latitude.** *La latitude d'un point donné sur la surface terrestre est égale à la hauteur du pôle pour ce point.* En effet, lorsque nous sommes sous l'équateur et que notre latitude est zéro, nous voyons à la fois les deux pôles raser l'horizon. Si nous avançons d'un degré vers l'un des pôles, nous le verrons s'élever d'un degré aussi pendant que l'autre s'abaissera d'autant. Enfin, parvenus successivement aux latitudes de 1°, 2°, 3°, etc., nous constaterons que le pôle s'est exhaussé également de 1°, 2°, 3°, etc. : donc la latitude d'un lieu est égale à la hauteur du pôle en ce lieu.

2° **Calculer la longitude.** Le calcul des longitudes est basé sur les différences qui existent entre les heures que l'on compte au même instant sous les divers méridiens ; voici comment :

Dans sa course diurne de vingt-quatre heures sur la sphère céleste, le soleil décrit autour de la terre une circonférence entière, ou 360 degrés, ce qui donne 15 degrés par heure. Ainsi, deux pays dont les méridiens sont éloignés de 15 degrés, ou bien qui ont une différence de 15 degrés en longitude, comptent au même instant une heure de différence à leur horloge.

L'expérience prouve, en effet, qu'au moment où le centre du soleil arrive sur le méridien céleste qui correspond au méridien de Paris, alors que l'on compte midi dans tous les lieux situés sur le demi-méridien terrestre de notre capitale, il n'est encore que onze heures pour les pays placés à 15 degrés de longitude occidentale, tandis que l'on compte au même instant une heure après midi sous le méridien dont la longitude orientale est de 15 degrés. On trouve de même qu'il est dix heures, neuf heures, huit heures du matin, etc., sous les longitudes occidentales de 30, 45, 60 degrés, etc., pendant que l'on compte deux heures, trois heures, quatre heures après midi aux longitudes orientales de 30, 45, 60 degrés, etc.

En conséquence, le calcul des longitudes se réduit à consulter en voyage un bon chronomètre, ou montre marine, réglé sur l'heure de Paris, et à traduire en degrés la différence de l'heure que marque le chronomètre avec l'heure réelle du lieu où l'on se trouve.

Les longitudes sont donc exprimées en temps ou en degrés indifféremment, et pour opérer la conversion de l'une à l'autre de ces mesures, on devra se rappeler que, si une heure correspond à une valeur angulaire de 15 degrés, une minute en temps équivaut au soixantième de 15 degrés, ou à un arc de quinze minutes, et qu'une seconde en durée vaut quinze secondes en arc. Ainsi, il faudra multiplier par le facteur 15 le temps exprimé en heures, minutes et secondes, pour le transformer en valeur angulaire, ou en degrés, minutes et secondes.

47. Cartes géographiques. La détermination des longitudes et des latitudes des divers lieux de la surface terrestre sert à construire les globes et les cartes géographiques destinées à l'enseignement. Voici comment on procède :

Globe terrestre. Sur une sphère en métal ou en carton (*fig.* 30), on prend deux points diamétralement opposés pour représenter les pôles terrestres; on y trace l'équateur et un certain nombre de méridiens également espacés; on en prend un quelconque pour premier méridien, et l'on transcrit ensuite sur cette sphère artificielle les longitudes et les latitudes des divers points remarquables de la terre, tels que l'emplacement des

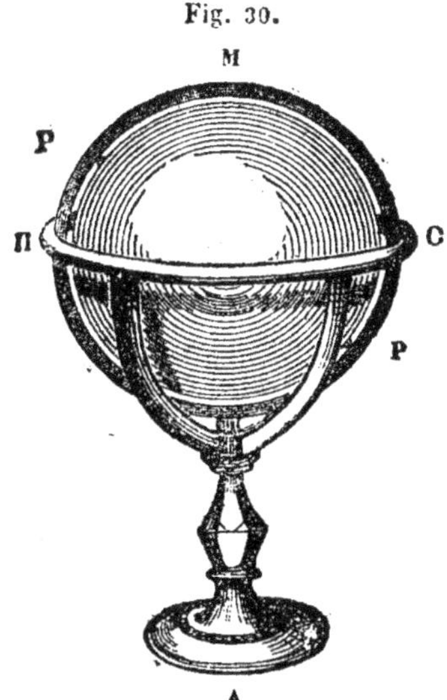

Fig. 30.

villes, les périmètres des continents et des îles, le cours des fleuves, la direction des chaînes de montagne, etc.

Mappemonde. Les globes artificiels, peu portatifs, sont d'un maniement incommode, et, pour les remplacer, on a construit des *mappemondes*. On appelle ainsi la projection sur un plan d'un globe terrestre divisé en deux hémisphères. A cet effet, on emploie deux systèmes de projection, dits *projection orthographique* et *projection stéréographique*.

1° *Projection orthographique*. Dans ce systeme, on coupe le globe en deux hémisphères, et on appuie chacun d'eux sur la section prise pour base ; ensuite on abaisse sur cette base des perpendiculaires partant des divers points remarquables de la surface, et, en réunissant les pieds de ces perpendiculaires, on obtient sur le plan la configuration des diverses parties qui recouvrent ces hémisphères.

La mappemonde ainsi construite présentera l'aspect
de la figure 31, si le globe a été coupé dans le sens des

Fig. 31.

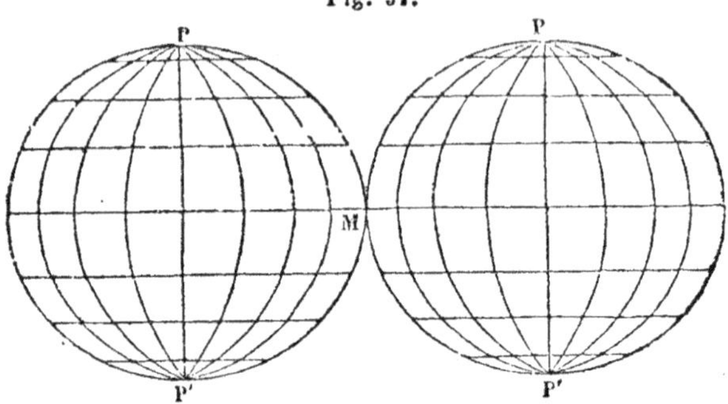

méridiens, ou bien l'aspect de la figure 32, si la cou-
pure est faite suivant l'équateur.

Fig. 32.

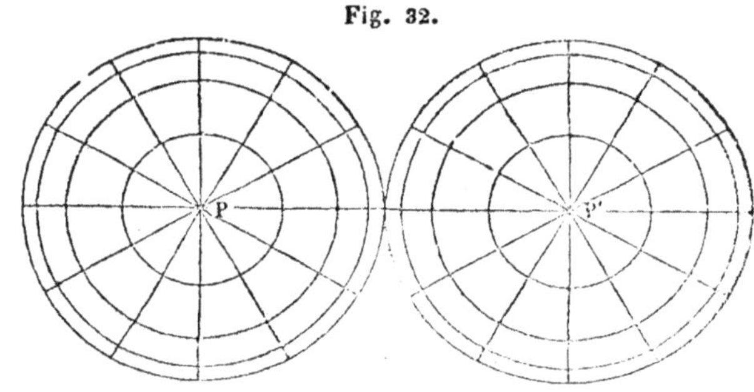

Fig. 33.

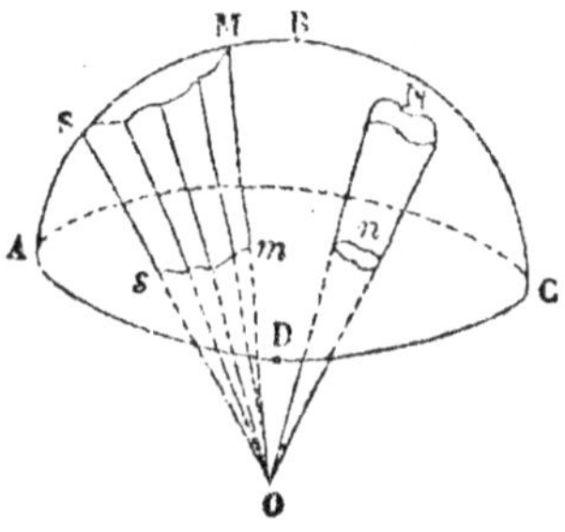

2° *Projection stéréogra-
phique* Ce second système,
représenté figure 33, consiste à couper le globe par un
plan AC perpendiculaire à
un diamètre BO ; à mener,
par les divers points M, S,
etc., de la surface de l'hémisphère à construire des
droites OM, OS, etc., à l'ex-

trémité opposée O du diamètre choisi ; à marquer les points d'intersection *m, s...* de ces droites avec le plan de la base AC ; enfin, à réunir ces points divers pour obtenir la configuration plane de cet hémisphère. Cette projection stéréographique donne la mappemonde représentée dans la figure 34.

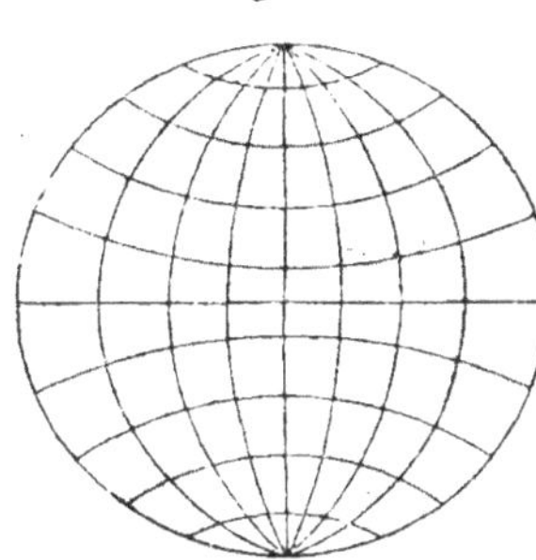

Fig. 34.

Carte de France. Les procédés ci-dessus sont abandonnés quand il s'agit de construire des cartes partielles, et l'on emploie alors la méthode dite *développement conique.* Pour la faire comprendre, nous l'appliquerons à la carte de France (*fig.* 35).

Pour construire cette carte, on a pris le méridien moyen AMB et le parallèle moyen MN de la France ; par leur point d'intersection M, on a mené au méridien AM une tangente MP qui rencontre en P le prolongement de l'axe terrestre CA ; on a admis ensuite que cette tangente PM décrive autour de PC une surface conique qui touchera la terre par tous les points du parallèle MN ; et l'on a projeté sur cette surface tous les points remarquables du sol français. C'est la réunion de toutes ces projections coniques qui forme la carte de France.

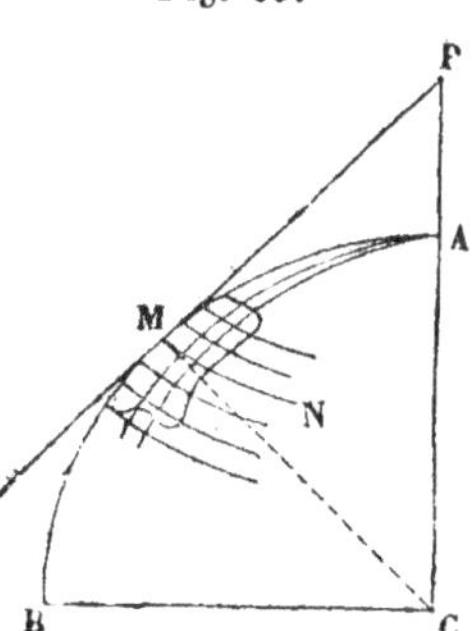

Fig. 35.

48. Principes des cadrans solaires. On nomme cadrans solaires les instruments qui marquent l'heure au moyen de l'ombre d'un *style* projetée sur une surface quelconque.

Pour comprendre le principe de leur construction, représentons-nous le globe terrestre vide et transparent comme un globe de cristal, et admettons que son axe, seul opaque, soit un fil de fer tendu d'un pôle à l'autre. Dans cette hypothèse, les rayons solaires pénétreraient la terre sans obstacle jusqu'à cet axe matériel qui seul ferait ombre, et l'on verrait cette ombre se projeter sans cesse à l'opposite du soleil. Ainsi, à mesure que l'astre du jour, dans sa course diurne, parcourra les demi-méridiens supérieurs de l'est à l'ouest, l'ombre du fil de fer exécutera une marche en sens opposé de l'ouest à l'est, et ses projections successives sur les demi-méridiens inférieurs seront très-propres à marquer l'heure.

Mais supposons, en outre, que notre globe vide soit coupé par un plan passant par son centre, tel que l'horizon rationnel HAMB (*fig.* 36), et que ce plan soit opaque ; alors l'ombre de l'axe matériel CP se projettera en ligne droite sur ce plan dans les directions C*m*, C*a*, C*b*....., diamétralement opposées aux méridiens PM, PA, PB, que le soleil viendra occuper tour-à-tour. Ces droites sont dites les *lignes*

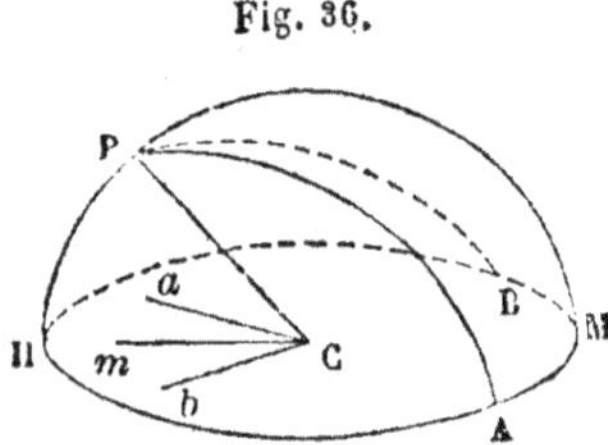
Fig. 36.

horaires, et les méridiens qui leur correspondent portent le nom de *cercles horaires*. Il suffira donc de graver sur le plan HM les vingt-quatre lignes horaires déterminées par les demi-méridiens situés à 15 degrés l'un de l'autre, pour avoir un instrument qui marque les heures successives de la journée : ce sera là un *cadran solaire type*.

Ceci compris, on verra qu'il n'est pas nécessaire de laisser notre instrument au centre du globe, et qu'il produira partout ailleurs le même effet, pourvu qu'il soit transporté parallèlement à lui-même. Ainsi, dans le lieu même que nous occupons, si nous prenons une surface polie bien horizontale, que nous y fixions un style dans une direction exactement parallèle à l'axe terrestre, nous verrons se reproduire le cadran solaire rationnel qui précède.

D'un autre côté, rien ne s'oppose à ce que le **plan** du cadran quitte la position horizontale pour la verticale, et même pour prendre toutes sortes d'inclinaisons ; seulement, les directions des lignes horaires subiront des changements analogues, et les angles qu'elles détermineront entre elles autour du centre C du cadran pourront devenir fort disparates. De là diverses espèces de cadrans solaires.

La construction pratique d'un cadran solaire en général exige les trois opérations suivantes : *1° déterminer la méridienne du lieu ; 2° poser le style parallèlement à l'axe terrestre ; 3° tracer les lignes horaires.*

49. Tracer une méridienne. Sur un plan horizontal, fixez une tige T (*fig.* 37) surmontée d'une plaque mince

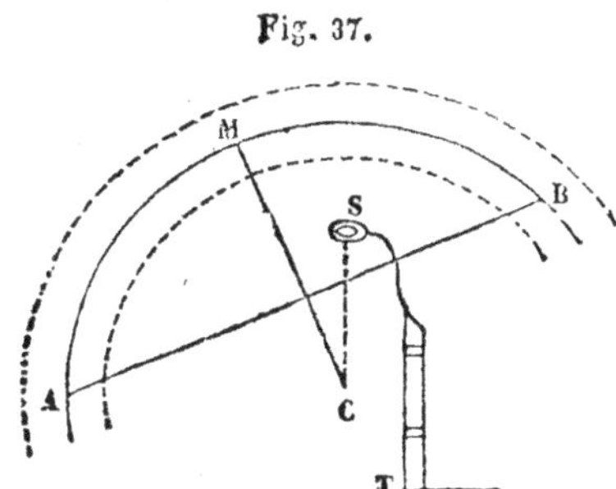

Fig. 37.

percée d'un trou et dirigée perpendiculairement aux rayons solaires ; du centre S de l'ouverture abaissez une verticale SC sur le plan ; du pied C tracez avec un compas une circonférence AMB, et, par un jour serein, guettez le moment où le centre du faisceau lumineux qui passe par l'ouverture S vient couper cette circonférence, le matin en A et le soir en B ; la bissectrice CM de l'arc AB sera la méridienne du point C.

En faisant usage à la fois de plusieurs circonférences concentriques, on obtient plus d'exactitude.

On peut aussi tracer une méridienne la nuit à la faveur des étoiles. On sait que le pôle est sur la direction PE (*fig.* 38) de l'étoile polaire à la première de la queue de la Grande Ourse ; ainsi, aux époques où cette ligne devient verticale pendant la nuit, si un opérateur dirige un fil à plomb vers le pôle, et qu'à l'instant où ce fil

passe à la fois par les deux étoiles P et E, il marque sur
le sol un point M, également caché par le même fil, la

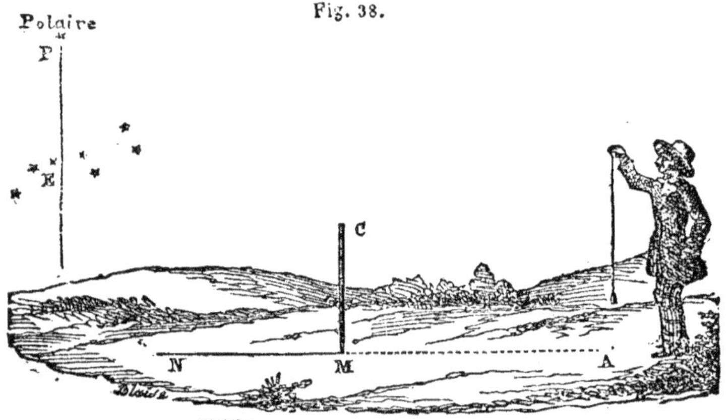

Fig. 38.

droite NMA qui de ce point ira passer entre les pieds A
de l'opérateur sera la méridienne du lieu. A la rigueur,
le point A doit être la projection du fil à plomb.

50. Cadran horizontal. Sur une plaque unie et bien
dressée, tracez deux lignes à angles droits se coupant
au point C (*fig.*
39) qui sera le
centre du cadran;
de ce point con-
duisez une autre
droite CA qui fas-
se, avec la ligne
de midi CM, un
angle ACM égal à
la latitude du lieu;
en un point A de
CA faites l'angle
droit CAB, et la
droite AB coupera

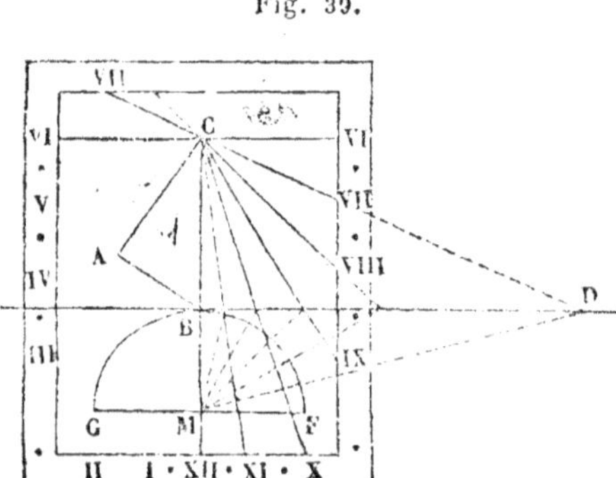

Fig. 39.

CM en B; portez la longueur BA en BM, et décrivez une
circonférence qui ait M pour centre et MB pour rayon.

Ensuite, menez les deux droites GF et BD perpendiculaires à CM ; divisez la demi-circonférence GBF en arcs de 15 degrés, c'est-à-dire en douze parties égales, et les prolongements des rayons diviseurs rencontreront, de part et d'autre, la droite BD aux points qu'il faudra joindre au centre C pour avoir les lignes horaires ; on n'en a marqué qu'une partie sur la figure. Bien entendu que, pour indiquer les demi-heures, il faudrait diviser la demi-circonférence GBF en vingt-quatre parties égales.

Il ne reste plus, pour achever le cadran horizontal, que de fixer le style au centre C, de manière qu'il fasse des angles droits avec la ligne de VI heures, et un angle égal à ACM avec la ligne de midi.

Fig. 40.

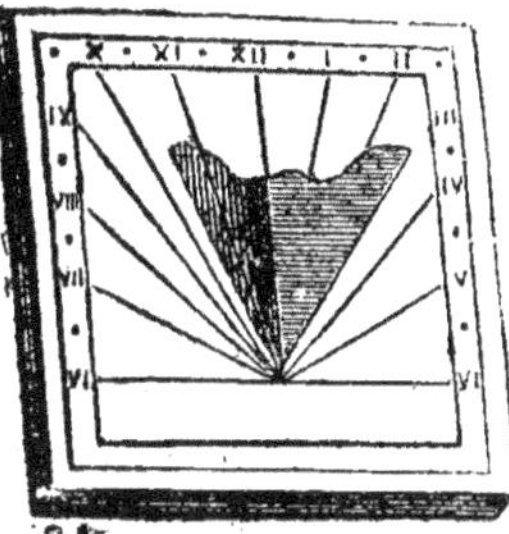

Les cadrans horizontaux sont ordinairement portatifs, et pour en faire usage, on les place sur un plan horizontal, le style dirigé vers le pôle (*fig.* 40), et en ayant soin de faire coïncider la ligne de midi avec la méridienne du lieu, préalablement tracée sur ce plan.

51. Cadrans verticaux. Les cadrans verticaux sont de plusieurs espèces, selon que la façade qui doit les recevoir est méridionale, orientale, occidentale, ou bien qu'elle décline à l'est ou à l'ouest. Sans entrer dans les détails nombreux de leur construction, nous nous bornerons à indiquer un procédé pratique pour la généralité des cas.

L'emplacement étant choisi et préparé sur la façade verticale d'un édifice, marquez le centre C du cadran (*fig.* 41) et abaissez la verticale, ou ligne de midi CM. A une distance convenable au-dessous de C, construisez un petit plancher horizontal et uni ABD, ce qui est facile avec du plâtre gâché. Sur ce plan provisoire, tracez la méridienne du lieu qui aboutisse peu loin du point M, et par ce point menez MO parallèle à cette méridienne. Prenez ensuite le cadran horizontal portatif de la figure 40, posez-le sur le plancher AD, de manière

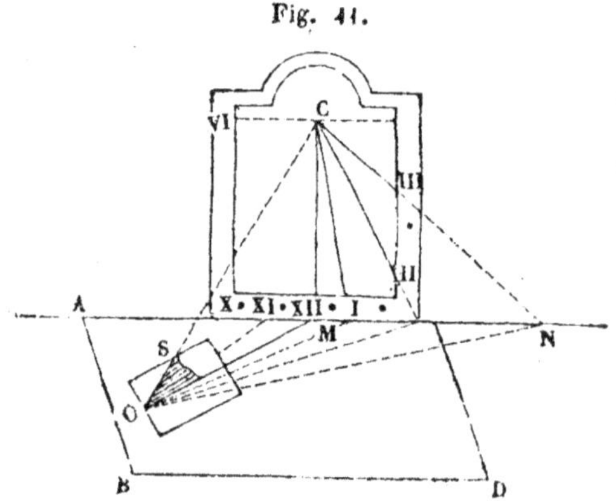

Fig. 41.

que sa ligne de midi coïncide avec la méridienne OM, et, sans déranger cette coïncidence, faites glisser l'instrument jusqu'à ce que l'arête de son style OS s'aligne au centre C, ce qu'on vérifie aisément avec un cordon ou avec une règle. Fixez alors le cadran portatif d'une manière invariable, et les prolongements de ses lignes horaires couperont l'horizontale AN aux points qu'il faudra joindre au centre C pour obtenir les lignes horaires du cadran vertical demandé.

Cette opération achevée, on placera le style en le bâtissant au centre C, de manière que sa ligne médiane coïncide avec l'alignement OSC, lequel est parallèle à l'axe terrestre.

Remarquons que dans le triangle rectangle OCM, l'angle O étant égal à la latitude du lieu (no 50), il faut que l'angle C soit le complément de cette latitude. Ainsi, dans les cadrans verticaux, *le style fait avec la ligne de midi un angle égal au complément de la latitude.*

§ III. FORME VÉRITABLE DE LA TERRE.

Sommaire. — La terre est un ellipsoïde. — Valeur numérique d'un degré du méridien en France, en Laponie et au Pérou. — Rayon et volume de la terre. — Son aplatissement vers les pôles. Valeur du mètre. — Distance de la terre au soleil. — Rayon et volume du soleil.

52. Les notions précédentes prouvent bien que la terre est sensiblement sphérique, mais elles ne donnent pas sa forme exacte. D'un autre côté, les lois de la gravitation newtonienne firent présumer que notre globe doit être renflé vers l'équateur, et les savants durent se préoccuper de la question. Il s'agissait de savoir si la courbure de la terre est partout la même, c'est-à-dire si des arcs de cercle pris à divers lieux sur l'équateur, sur les méridiens, sur les parallèles, et mesurés avec soin, pouvaient être attribués à une même sphère.

Notre géomètre Picard eut le premier la gloire d'effectuer les opérations géodésiques qui ont établi que les degrés de méridien sous diverses latitudes n'ont pas la même longueur. Pour corroborer cette découverte, l'Académie des sciences nomma, plus tard, trois commissions qui furent chargées de reprendre les calculs de Picard, l'une en France, l'autre au Pérou, près de l'équateur, la troisième en Laponie, dans les régions polaires.

Les travaux remarquables de ces commissions scientifiques constatèrent que l'arc d'un degré de méridien dans les divers lieux avait la longueur linéaire ci-après :

Au Pérou . . . 56737 toises.
En France . . 57025 —
En Laponie . . 57196 —

L'augmentation graduelle que l'on remarque en allant de l'équateur au pôle, dans la longueur linéaire des degrés de méridien, annonce que le rayon de courbure de la terre est plus grand dans les régions polaires que sous la ligne, c'est-à-dire que notre globe est aplati vers les pôles et renflé à l'équateur.

Des opérations analogues, exécutées depuis dans bien des localités et avec toutes les ressources modernes, ont confirmé partout ce résultat. En conséquence, il est rigoureusement démontré que la terre n'est pas une sphère, mais un ellipsoïde, dont le grand axe est dirigé suivant l'équateur, et le petit axe d'un pôle à l'autre. Enfin, les calculs effectués pour trouver la longueur de ces axes ou de leurs moitiés ont donné, en définitive :

Le rayon de l'équateur, $a = 3272077$ toises.
Le rayon des pôles, $b = 3261139$ —

La comparaison de ces deux valeurs établit que l'aplatissement de notre globe vers chaque pôle est de $\dfrac{1}{299,15}$ ou environ la 300me partie du rayon équatorial.

53. Valeur du mètre. Quand l'Assemblée nationale eut décrété la création du système décimal des poids et mesures, et décidé que l'unité fondamentale, nommée *mètre*, serait la dix-millionième partie de la distance de l'équateur au pôle, prise sur le méridien de Paris, il fallut procéder de nouveau à l'évaluation exacte de ce quart de méridien. Ce soin délicat fut confié d'abord à MM. Delambre et Méchin, qui mesurèrent la portion du méridien de Paris comprise entre Dunkerque et Barcelone ; plus tard, MM. Biot et Arago reprirent ce travail et le poussèrent plus loin ; enfin, tous ces calculs savamment combinés ont établi que la longueur du quart du méridien de Paris, compris entre l'équateur et le pôle, est de 5130740 toises.

En conséquence, la longueur du mètre fut fixée à $\dfrac{5130740}{10000000} = 0^{t},513074$, ou bien à 3 pieds 11 lignes $\dfrac{296}{1000}$ de ligne, autrement dit, à $443^{l},296$.

54. Rayon moyen et volume du globe terrestre.
Dès que le mètre est la seule unité de longueur léga-
lement autorisée, on doit exprimer en mètres les valeurs
des rayons terrestres données précédemment, et l'on
trouve, en tenant compte de quelques rectifications pos-
térieures :

Le rayon de l'équateur, $a = 6377398$ mètres.
Le rayon des pôles, $b = 6356080$ —

La différence de 21 kilomètres environ exprime l'aplatissement de chaque pôle.

Cette dépression est assez faible pour qu'elle échappe
à l'œil sur les globes artificiels que fabrique l'industrie,
car elle suppose qu'une sphère dont le diamètre équatorial serait d'un mètre aurait, d'un pôle à l'autre, un
axe de $0^m,997$ millimètres ; aussi n'en tient-on aucun
compte, et l'on regarde la terre comme une sphère
exacte, dont la longueur du rayon est la valeur moyenne
des deux évaluations qui précèdent, ou bien R =
6366739 mètres.

Cette évaluation du rayon moyen du globe terrestre
est un peu supérieure à celle qu'on obtient quand on
déduit ce rayon du méridien de Paris, car la circonférence entière de ce méridien valant quatre fois dix ou
40 millions de mètres (n° 53), on trouve R = 6366193
mètres. Tout autre méridien conduirait probablement
aussi à quelque différence, car la forme véritable de
notre globe est très-compliquée, quoique sensiblement
sphérique.

Pour sortir d'embarras, et comme quelques centaines
de mètres en plus ou en moins sont ici sans importance,
on est convenu, dans la pratique, de prendre pour la
longueur du rayon moyen de la terre le nombre rond
6366000 mètres, ou bien R = 6366 kilomètres.

En évaluant donc la surface et le volume de notre
globe d'après ces données et au moyen des formules
connues (*), on trouvera que

(*) Voyez notre *Géométrie* in-12, pages 228, 229.

Circonférence T = 40000 kilomètres linéaires (*).
Surface   T = 509208637 kilomètres carrés.
Volume   T = 1080759882000 kilomètres cubes.

55. Dans l'hypothèse que l'équateur et le méridien terrestres sont des cercles parfaits ayant une circonférence de 40 millions de mètres, on trouve que la longueur d'un degré de longitude ou de latitude sur ces cercles est de 111307 mètres ; mais il ne faudrait pas prendre cette unité pour évaluer les coordonnées géographiques, puisqu'on sait que les degrés du méridien vont en augmentant de l'équateur au pôle (nº 49), tandis que les degrés de longitude diminuent rapidement de longueur à mesure qu'ils sont comptés sur des parallèles plus éloignés de l'équateur ; mais, pour traduire les longitudes et les latitudes en distances linéaires dans les diverses localités, on devra s'aider du tableau suivant :

Latitude.	Valeur d'un degré du méridien.	Valeur d'un degré du parallèle.
0	110563 mètres.	111307 mètres.
10	110598	109627
20	110694	104634
30	110842	96475
40	111023	85383
50	111216	71687
60	111399	55793
70	111549	38182
80	111647	19391
90	111680	0

56. **Rapport du volume de la terre à celui du soleil.** Nous avons dit (nº 38) que le diamètre apparent du soleil vu de la terre sous-tend un angle moyen de 32 minutes ou de 1920 secondes ; d'un autre côté, le calcul

---

(*) Cette circonférence de la terre, appelée communément le tour du monde, équivaut environ à cinquante fois la distance de Paris à Marseille.

prouve que la terre vue du soleil offrirait un diamètre apparent de 17″,14 ou de 17 secondes et 14 centièmes. Or, les diamètres apparents sont nécessairement proportionnels aux diamètres réels, pour des distances égales; ainsi, en nommant r le rayon de la terre et R le rayon du soleil, on aura la relation

$$\frac{R}{r} = \frac{1920}{17,14} = \frac{192000}{1714} = 112,06 ;$$

ce qui prouve que le rayon du globe solaire vaut plus de cent douze fois la longueur du rayon terrestre, ou bien $6366 \times 112 = 713000$ kilomètres.

Mais les volumes des sphères sont entre eux comme les cubes de leurs rayons; ainsi on aura le volume du soleil $V = (112)^3 \, v = 1404928 \, v$, c'est-à-dire que le volume de l'astre radieux est égal à environ 1405000 fois celui de notre globe.

57. Distance de la terre au soleil. Les astronomes ont appelé *parallaxe solaire* l'angle visuel sous lequel un spectateur placé sur le soleil verrait le demi-diamètre de la terre ; cette parallaxe vaut donc la moitié du diamètre apparent 17″,14 indiqué dans le n° précédent, ou bien 8″,57. Or, l'expérience et le calcul prouvent qu'un objet, une sphère, situé à une distance égale à 206265 fois son diamètre réel, nous apparaît sous un angle visuel d'une seconde, et la raison indique que ce diamètre apparent serait de deux secondes, de trois secondes, etc., si la distance de l'objet n'était plus que la moitié, le tiers, etc., du nombre précédent.

Ainsi, le nombre 206265 divisé par la parallaxe solaire 8,57 fournira au quotient le nombre qui indique combien de fois le rayon réel de la terre est contenu dans la distance de notre globe au soleil. Ce quotient est 24000 en nombre rond ; en conséquence, la distance du centre de la terre au centre du soleil est égale à 24000 fois le rayon terrestre, ou à

$$6366 \times 24000 = 152784000 \text{ kilomètres.}$$

Pour apprécier l'immensité de cette distance, il faut remarquer qu'une locomotive, en chemin de fer, faisant un kilomètre à la minute, emploirait près de *trois siècles* pour aller d'ici au soleil.

§ IV.

MOUVEMENTS RÉELS DU GLOBE TERRESTRE.

Sommaire. — Rotation de la terre sur son axe. — Vitesse de rotation à la surface. — Translation de la terre autour du soleil. — Lois de Kepler. — Gravitation universelle. — La terre est une planète.

58. Rotation diurne. Conformément aux apparences, nous avons admis jusqu'ici que le ciel tournait tout d'une pièce autour de la terre en repos. C'est le contraire qui est vrai : le globe terrestre tourne journellement sur son axe, tandis que le ciel est immobile ; seulement, la rotation réelle de la terre s'exécute en sens inverse du mouvement fictif de la sphère céleste, c'est-à-dire d'occident en orient. Emportés que nous sommes avec tout ce qui nous entoure, nous n'avons pas conscience de ce mouvement ; mais il est facile d'en avoir les preuves.

Notons d'abord que les faits diurnes s'expliquent également dans les deux hypothèses, soit que le soleil, la lune et les étoiles roulent autour de nous d'orient en occident, ou que la terre seule tourne d'occident en orient. C'est ainsi, par exemple, qu'un élève au milieu d'un cercle de camarades se retrouve successivement en face de chacun d'eux et dans le même ordre, soit qu'il pirouette sur ses talons de droite à gauche, ou bien que la troupe joyeuse exécute une ronde de gauche à droite autour de cet élève immobile.

La science fournit des preuves certaines de la rotation de la terre sur son axe, sans compter la démonstration nouvelle qu'en a trouvée M. Foucault, en 1851, dans les déviations permanentes qu'éprouve le plan d'oscillation d'un pendule (*) ; mais nous ne devons invoquer ici que des raisons accessibles au vulgaire.

Cette rotation a pour elle d'abord l'analogie dans la rotation du soleil, que nous avons constatée (n° 37), et dans celle des planètes qu'il nous est permis d'observer avec les lunettes. Si nous joignons à cela les impossibilités auxquelles nous conduirait la rotation réelle du firmament, nous demeurerons convaincus que le mouvement diurne est le fait de notre globe.

En effet, si la sphère céleste exécutait autour de nous une révolution toutes les 24 heures, il faudrait que le soleil, situé à une distance de 153 millions de kilomètres, décrivît chaque jour un cercle d'un rayon pareil, ce qui supposerait à cet astre une vitesse de translation de 1885 kilomètres par seconde ; mais, quoique immense, cette vitesse ne serait rien en comparaison de celle qu'il faudrait attribuer aux étoiles, car les plus rapprochées même auraient une vitesse diurne dix millions de fois plus grande que celle du soleil. Que serait-ce donc pour les astres situés aux confins de l'univers ? L'imagination se perd dans ces impossibilités, et notre raison satisfaite admet la rotation de la terre comme une vérité démontrée.

Sous ce nouveau point de vue, nous avons à modifier le sens des expressions consacrées pour rendre compte des phénomènes diurnes : quand nous disons que les astres se lèvent à l'est, passent sur nos têtes et se couchent à l'ouest, il faut comprendre que, la terre tournant de l'ouest à l'est, c'est notre horizon qui s'abaisse à l'orient et nous découvre sans cesse de nouveaux astres, tandis qu'il s'élève à l'occident pour en cacher d'autres. Dire que les astres viennent passer par notre méridien, c'est exprimer que le méridien de notre station va à la rencontre successive de ces points immobiles, etc.

(*) Voyez nos *Éléments de Cosmographie*, page 145.

59. Vitesse de rotation à la surface de la terre.
Une sphère, une boule tournant sur elle-même, c'est-
à-dire sur un de ses diamètres, a tous les points de sa
surface en mouvement, sauf les extrémités de cet *axe*.
A partir de ces deux *pôles* seuls en repos, le mouvement
à la surface, d'abord invisible, va en augmentant jusqu'à l'équateur où la vitesse de rotation est la plus
grande ; or, ce maximum est facile à calculer : il suffit
de diviser la longueur de la circonférence de la terre,
40 millions de mètres, par la durée d'une rotation,
c'est-à-dire par 24 heures, ou par 1440 minutes, ou bien
par 86400 secondes.

On trouve ainsi que, sous l'équateur, un point de la
surface terrestre parcourt 1666 kilomètres par heure,
28 kilomètres par minute ou 463 mètres par seconde.

Le tableau suivant fournit les vitesses de rotation
sous les divers parallèles :

Latitude.		Vitesse de rotation.
0	sous l'équateur.	463^m par seconde.
10		456
20		435
30		401
40		354
50	à Paris.	297
60		231
70		159
80		80
90	au pôle.	0

60. La rotation du globe terrestre sur son axe est
la cause de l'aplatissement des pôles et d'un grand
nombre de phénomènes importants, tels que la variation de la pesanteur aux diverses latitudes, les grands
courants atmosphériques qui modifient les températures et produisent les vents périodiques, appelés *vents
alizés*, etc.

4 .

61. Translation annuelle de la terre autour du soleil. Si la rotation du globe terrestre sur ses pôles réels explique très-bien le mouvement apparent de la sphère céleste sur ses pôles fictifs, elle ne rend nullement compte de certains faits annuels, tels que l'oscillation du soleil entre les tropiques, son déplacement en ascension droite (n° 29), l'avance quotidienne dans l'heure du lever des constellations. C'est que ces phénomènes ne sont encore que des apparences dues à la translation réelle de la terre dans l'espace. Ce second mouvement oblige notre globe à décrire une courbe annuelle autour du soleil, comme nous allons le prouver.

62. Lois de Kepler. Dès l'antiquité on avait remarqué dans l'espace l'existence de cinq astres errants ou *planètes,* connus sous les noms de *Mercure, Vénus, Mars, Jupiter* et *Saturne.* Ces astres à l'œil nu ont l'aspect des étoiles fixes et ne s'en distinguent que par leur déplacement sur la sphère céleste. Ces mouvements, désordonnés en apparence, avaient beaucoup intrigué les anciens astronomes, jusqu'à ce que Copernic, au XVIe siècle, dévoila le véritable système du monde, en démontrant que les planètes tournent périodiquement autour du soleil.

Au siècle suivant, Kepler eut la gloire de découvrir les lois qui gouvernent les révolutions planétaires, et de les formuler. Ces trois lois, connues sous le nom de leur auteur, sont les suivantes :

1° *Les planètes décrivent autour du soleil des ellipses dont l'astre du jour occupe l'un des foyers ;*

2° *Les aires tracées par le rayon vecteur sont proportionnelles aux temps employés à les parcourir, dans chaque planète ;*

3° *Les carrés des temps de révolution de ces planètes autour du soleil sont entre eux comme les cubes des grands axes de leurs orbites elliptiques.*

Peu de temps après, l'invention des lunettes astronomiques permit à Galilée de vérifier les lois de Kepler et de reconnaître en outre que les planètes sont des sphères opaques, analogues à la terre, lesquelles tournent sur elles-mêmes pendant qu'elles voguent dans l'espace, et dont la clarté n'est que la lumière du soleil réfléchie jusqu'à nous.

63. Gravitation universelle. Enfin Newton vint couronner l'œuvre en trouvant l'explication des lois de Kepler dans la *gravitation universelle*. En méditant sur la chute des corps vers le centre de la terre, l'illustre physicien anglais fut conduit à admettre que cette *pesanteur* n'est qu'un cas particulier d'une loi générale d'après laquelle *tous les corps, tous les astres s'attirent mutuellement en raison directe de leurs masses et en raison inverse du carré de leurs distances*. Cette loi, nommée *gravitation universelle* ou *newtonienne*, est la cause et le régulateur de tous les mouvements des astres.

64. La terre est une planète. Les découvertes de Kepler et de Newton attribuent au soleil un rôle immense : cet astre n'est pas seulement un luminaire à notre usage, c'est un centre attractif dont l'action puissante s'étend au loin et soumet les planètes à sa direction irrésistible. Le petit globe que nous habitons doit donc également être sous l'influence solaire et rouler dans l'espace en vertu des lois de Kepler ; en conséquence, *la terre est une planète.*

On comprend dès lors que la courbe nommée écliptique (n° 30) est précisément l'*orbite* que la terre décrit annuellement autour du soleil, en compagnie des autres planètes. Cette courbe satisfait d'ailleurs à toutes les conditions qui caractérisent les orbites planétaires, comme nous le verrons.

Il est donc surabondamment prouvé que notre globe vogue dans l'espace sous l'impulsion de deux mouvements simultanés, l'un de rotation diurne sur son axe, l'autre de translation annuelle autour du soleil. Une boule lancée en l'air offre un exemple de ce double mouvement.

§ V. DES SAISONS.

Sommaire. — Position de la terre dans l'espace. — Forme et dimensions de l'orbite terrestre. — Périhélie et aphélie. — Principe des aires. — Vitesse de translation. — Comment se produisent les saisons. — Leur durée. — Division de la surface terrestre en cinq zones. — Du jour et de la nuit en divers lieux. — Crépuscule. — Précession des équinoxes.

65. **Parallélisme de l'axe terrestre.** De ce que les pôles du monde et les constellations conservent leur position fixe sur la sphère céleste, malgré notre déplacement dans l'espace, il faut en conclure que l'axe de rotation diurne de notre globe est constamment dirigé vers la même région du ciel, c'est-à dire que cet axe reste parallèle à sa position initiale pendant que la terre tourne autour du soleil, comme le représente la figure 42. L'ellipse T T'T''T''' est l'*orbite* que décrit

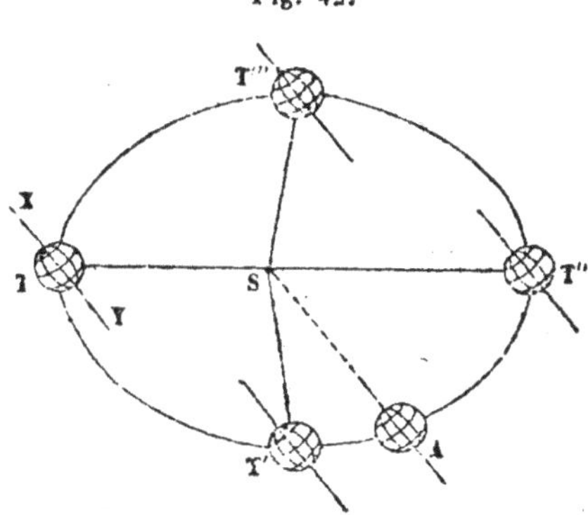

Fig. 42.

le centre de la terre T dans sa révolution annuelle autour du soleil S, et la droite XY l'axe de rotation diurne de notre globe sur lui-même.

66. Inclinaison de l'axe terrestre sur le plan de l'orbite. La droite ST, que l'on conçoit menée du centre du soleil au centre de la terre, et que l'on nomme *rayon vecteur*, décrit annuellement dans l'espace une surface plane, qui n'est autre que le plan de l'ecliptique, défini au nº 30. Or, demandons-nous quelle est la position, par rapport à ce plan, de l'axe de rotation diurne XY. Trois positions seules sont possibles : la droite est confondue avec le plan, ou perpendiculaire à ce plan, ou bien elle lui est oblique.

1º Si l'axe XY était couché sur le plan de l'orbite, comme il le semble dans notre gravure, il y aurait un moment de l'année où la terre, arrivée en A, aurait son axe confondu avec le rayon vecteur et dirigé au centre du soleil. Nous verrions donc à cette époque le soleil dans la direction de l'étoile polaire ; et, comme ce fait n'a jamais lieu, cette première supposition est inadmissible.

2º Si l'axe XY était perpendiculaire au plan de l'orbite ou aux rayons vecteurs ST, ST', ST″, etc..., le centre du soleil ne quitterait jamais le plan de l'équateur, et la durée des jours serait constamment égale à celle des nuits, ce qui n'arrive que deux fois l'an, vers le 22 mars et le 22 septembre. Il faut donc rejeter aussi cette seconde hypothèse.

3º La troisième seule reste vraie. L'axe de rotation de notre globe XY est oblique au plan de l'orbite, et cette inclinaison est cause de celle que nous avons reconnue (nº 30) entre le plan de l'équateur et le plan de l'écliptique. Or, cette dernière étant de 23º 27′ 30″, il en résulte que l'axe de la terre, perpendiculaire à l'équateur, fait avec le plan de son orbite un angle constant de 66º 32′ 30″, complément du précédent.

67. Forme et dimensions de l'orbite terrestre. Nous avons dit (nº 38) que le diamètre apparent du soleil varie annuellement entre 31′ 34″ et 32′ 35″,6 ; ce qui annonce que sa distance à la terre change périodiquement : ce fait s'explique maintenant que nous savons que l'orbite de la terre est une ellipse ACBD (*fig*. 43) dont le soleil occupe le foyer S.

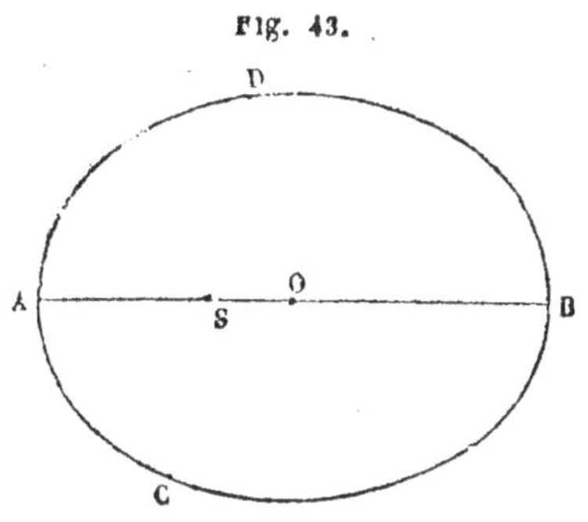

Fig. 43.

Les astronomes, par l'observation et le calcul, ont déterminé exactement la forme et les dimensions de cette ellipse dont AB est le grand axe, O le centre, et la distance SO l'*excentricité*. A cet effet, on a calculé pour chaque jour la longueur du rayon vecteur de la terre, dont le minimum est SA et le maximum SB, et en prenant pour unité le rayon moyen de notre globe, R = 6366 kilomètres, l'on a trouvé :

SA = 23600 R ou bien 152493360 kilomètres,
SB = 24400 R ou bien 153002640   —

La valeur moyenne de ces distances, ou le demi-grand axe OA, vaut par conséquent 24000 R, nombre indiqué au n° 57.

L'orbite terrestre est peu excentrique et se rapproche beaucoup d'un cercle, car l'excentricité SO n'est que la soixantième partie du demi-grand axe OA. La position que cette orbite occupe dans le ciel est indiquée par la série des constellations zodiacales.

68. Périhélie et aphélie. On nomme *périhélie* le sommet A de l'orbite terrestre, point le plus rapproché du soleil, et *aphélie* le sommet B ou le point le plus éloigné. La terre est à son périhélie A au 1er janvier de chaque année, et à son aphélie B au 1er juillet.

69. Principes des aires. On appelle ainsi la seconde loi de Kepler ; voici en quoi elle consiste : supposons que les arcs AT, BT', DT'' (*fig*. 44) soient les distances que la terre parcourt dans son orbite en des temps égaux (une semaine par exemple) et à diverses époques de l'année; si nous menons les rayons vecteurs pour former les secteurs elliptiques SAT, SBT', SDT", nous trouverons qu'ils ont des étendues équivalentes, et c'est ce qu'on exprime (no 62) en disant que les aires décrites par le rayon vecteur sont proportionnelles aux temps. Or, pour que cela ait lieu, il faut que l'arc AT ait plus de

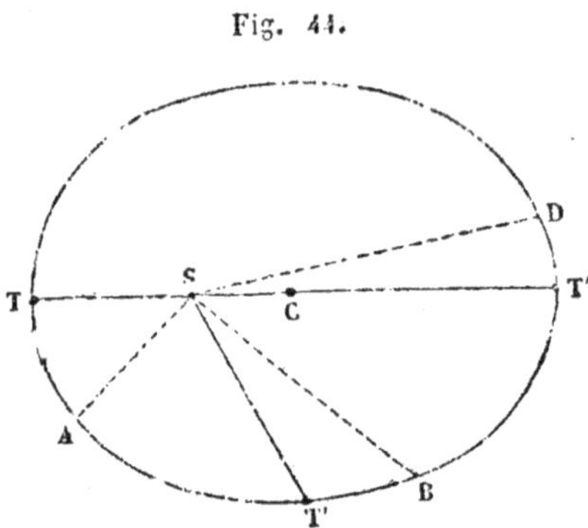

longueur que les autres BT', DT", puisque les côtés SA, ST sont les plus courts. Cela prouve que la vitesse de translation de la terre n'est pas uniforme; qu'elle est à son maximum au périhélie T, et à son minimum à l'aphélie T", ce qui est conforme aux lois de la gravitation.

70. Vitesse de translation du globe terrestre. Quoique le mouvement de la terre dans l'espace éprouve des variations, elles sont assez faibles pour que nous puissions les négliger ici et ne tenir compte que de sa vitesse moyenne. Pour évaluer alors la rapidité de cette translation, il faut considérer l'orbite terrestre comme un cercle dont le rayon 24000R vaut 24000 fois le rayon terrestre, calculer la circonférence de ce cercle et diviser sa longueur par le nombre de secondes contenues dans l'année. On trouve ainsi que la vitesse de translation de notre planète autour du soleil est, en moyenne, de 30 kilomètres ½ par seconde.

Il est facile maintenant de comprendre la position réelle de notre terre dans l'univers, de se représenter cette petite boule penchée sur ses pôles, tournant sur son axe, chaque jour, avec une vitesse de 463^m, pendant qu'elle circule autour du soleil, dans une année, avec une rapidité 66 fois plus grande.

71. Origine des saisons. On a dû présumer que l'obliquité de l'axe de la terre sur le plan de son orbite est la cause de ces oscillations que le soleil semble exécuter annuellement entre les tropiques, et qui amènent les quatre saisons de l'année. Tachons d'expliquer les faits :

Une sphère opaque comme la terre, exposée à la lumière solaire, a constamment une moitié de sa surface éclairée et l'autre moitié dans l'ombre ; or, la limite qui sépare ces deux hémisphères est nommée *le cercle d'illumination.* Cette limite entre le jour et la nuit change de place à chaque instant, par suite du mouvement de la terre; mais elle reste constamment perpendiculaire au rayon vecteur, lequel perce la terre au milieu de l'hémisphère éclairé.

Cela posé, soit T T' T" T''' (*fig.* 45) l'orbite que le centre de la terre décrit autour du centre du soleil S, dans le sens des flèches ; le plan de cette orbite coupe la terre suivant le grand cercle DC, nommé écliptique terrestre (no 42), lequel est déterminé par la suite des points où le rayon vecteur ST rencontre la surface de la terre chaque jour à midi. Puisque l'axe terrestre PP' fait avec le plan de l'orbite un angle constant de 66o 32' 30", l'équateur EQ, perpendiculaire à PP', coupera l'écliptique DC en deux points diamétralement opposés A et B, et sous un angle de 23o 27' 30", également invariable ; mais l'angle STP, formé au centre de la terre par le rayon vecteur ST et par l'axe PP', éprouvera des variations continuelles.

Or, pendant la circonvolution de la terre, l'axe PP' restant parallèle à lui-même, il faudra que l'équateur EQ et le diamètre AB se transportent aussi parallèlement à leur position primitive, et il y aura sur le plan de l'écliptique deux positions T, T" pour lesquelles ce diamètre AB se rencontrera sur la direction des rayons vecteurs ST, ST". A ce moment, les mêmes

rayons passant par l'équateur seront perpendiculaires
à l'axe PP'; alors le cercle d'illumination aboutira aux

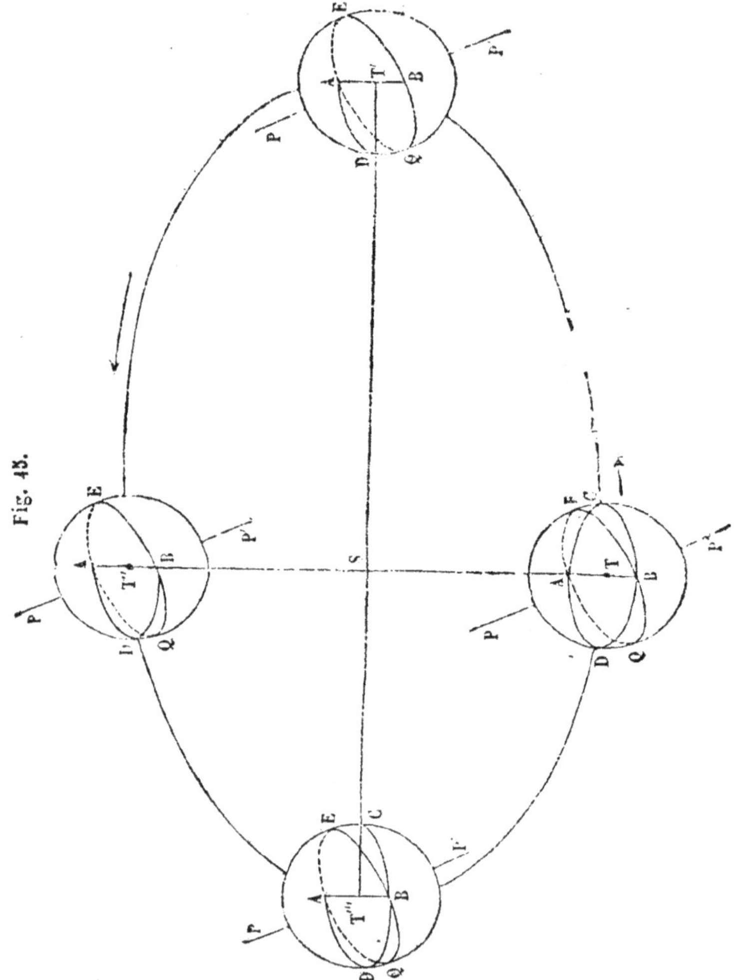

deux pôles, se confondra avec les méridiens, et le jour
sera égal à la nuit pour tous les points de la terre. Les

deux positions **T** et **T″** correspondent donc aux équinoxes (n° 32).

A dater de l'équinoxe de mars **T**, le rayon vecteur, ou la verticale du soleil **ST**, s'avancera dans notre hémisphère boréal, et les limites du cercle d'illumination, se retirant du pôle sud **P′** qui restera dans la nuit, envahiront les alentours du pôle nord **P** et y produiront un jour continu. Pendant que la terre ira de **T** en **T′**, durant la saison du printemps, si l'on marque chaque jour les déclinaisons boréales du soleil, ou bien les points où le rayon vecteur percera la terre à midi, on obtiendra le quart d'écliptique **AD**.

En **T′** le rayon vecteur **ST′** et l'axe **PP′** feront un angle aigu **ST′P** égal à l'obliquité 66° 32′ 30″, et ce rayon aura atteint son maximum de déclinaison boréale **QD**, égal à 23° 27′ 30″. Les limites du cercle d'illumination s'étendront donc, en ce moment, d'une pareille quantité au delà du pôle nord.

A partir de **T′**, solstice d'été, le rayon vecteur **ST′** rétrogradera pour se retrouver sur l'équateur à l'équinoxe de septembre **T″**, et décrira l'arc d'écliptique **DB** pendant que la terre ira de **T′** en **T″**.

Immédiatement après, le rayon vecteur **ST″** pénétrera dans l'hémisphère austral, et le cercle d'illumination abandonnera notre pôle **P** pour aller éclairer le pôle **P′**. Durant l'automne, la terre ira de **T″** en **T‴**, et le rayon vecteur tracera l'arc **BC**. En **T‴**, solstice d'hiver, les circonstances seront inverses de celles que présente la position **T′**.

Enfin, pendant l'hiver, la terre partant de **T‴** reviendra à sa position primitive **T**, et le rayon vecteur décrira le dernier quart d'écliptique **CA**.

Le temps employé par la terre pour exécuter une révolution complète autour du soleil est dit l'*année sidérale*.

72. Durée des saisons. Quand on trace sur le papier la figure de l'orbite terrestre avec toute l'exactitude que fournit la science, et qu'on y marque les points principaux, on obtient une ellipse analogue à la figure 46, dont le foyer **S** est le centre du soleil. On voit que

le grand axe AB de cette orbite elliptique ne se confond pas avec la ligne des solstices GH, mais qu'il en

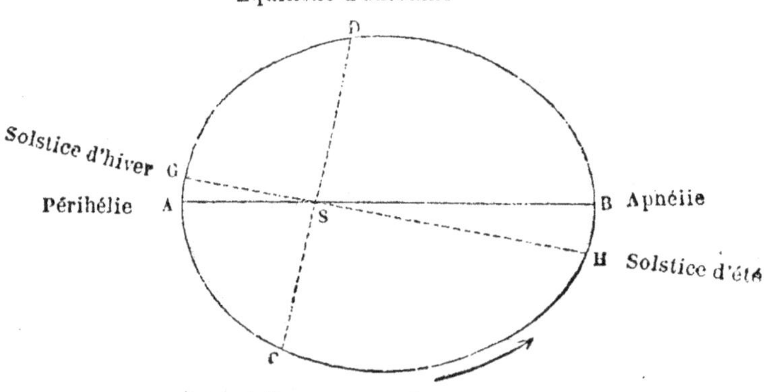

Fig. 46.

est peu éloigné, comme il était facile de le prévoir.
En effet, le solstice d'été H a lieu vers le 22 juin, et le
solstice d'hiver G le 22 décembre; tandis que le périhélie A correspond au 1er janvier et l'aphélie B au
1er juillet. Cette différence de 8 jours donne l'angle
ASG qui est actuellement de 9 degrés environ.

La même figure rapprochée du principe des aires
(no 69) prouve aussi que les quatre saisons ne peuvent
pas avoir une égale durée, car les secteurs elliptiques
qui leur correspondent n'ont pas des étendues équivalentes. Le secteur DSH tracé pendant l'été est évidem
ment plus grand que les autres, et le secteur d'hive
GSC est le plus petit. Au reste, le calcul et l'observa
tion donnent aux saisons les durées suivantes :

Printemps	92 jours	20 heures	59 minutes.
Été.	93	14	13
Automne.	89	18	35
Hiver	89	0	2
Année. . . .	365^{j}	5^{h}	49^{m}

Remarquons encore que le printemps et l'été font une somme supérieure de 8 jours environ à celle de l'automne réuni à l'hiver, ce qui prouve que dans le courant de l'année le soleil séjourne huit jours de plus dans notre hémisphère que dans l'hémisphère austral.

73. Zones terrestres. L'obliquité de l'axe de rotation diurne de la terre sur le plan de son orbite annuelle amène des différences énormes dans la durée des jours et des nuits aux divers lieux du globe, et dans la distribution des températures; ces différences ont fait diviser la surface de la terre en cinq zones principales, savoir : une zone torride, deux zones tempérées, deux zones glaciales.

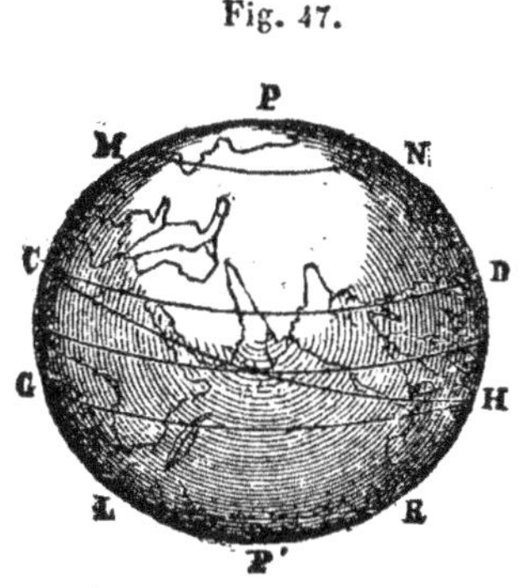

Fig. 47.

1° On nomme *zone torride* cette bande équatoriale DH (*fig.* 47) comprise entre les tropiques terrestres CD, GH, et que la verticale du soleil (rayon vecteur) parcourt en spirale deux fois dans le courant de l'année. La largeur de cette zone est de 47 degrés environ, puisqu'elle s'étend de 23° 27′ 30″ de chaque côté de l'équateur ; elle est coupée en diagonale par l'écliptique terrestre CH ;

2° Les deux *zones glaciales* sont deux calottes polaires PN, P'R qui s'étendent de 23° 27′ 30″ tout autour des pôles, et qui sont limitées par les parallèles MN, LR, appelés *cercles polaires* ;

3° Enfin les deux zones ND, HR, comprises entre les cercles polaires et les tropiques, sont appelées *zones tempérées* ; leur largeur est de 43 degrés environ.

Les habitants de l'équateur voient la terre dans la position de la figure 48 : leur horizon PP', passant par les pôles, se confond avec les méridiens et coupe en

deux parties égales les cercles diurnes qui sont verticaux; aussi les jours y sont égaux aux nuits toute l'année, et le soleil d'aplomb y
produit une chaleur excessive. Ces effets ne sont pas
bornés à l'équateur E; ils
se reproduisent presque sur
toute la zone torride CR et
ne subissent des modifications sensibles qu'au voisinage des tropiques, où la
différence des jours aux nuits
n'est que de 2 heures ½ au
maximum.

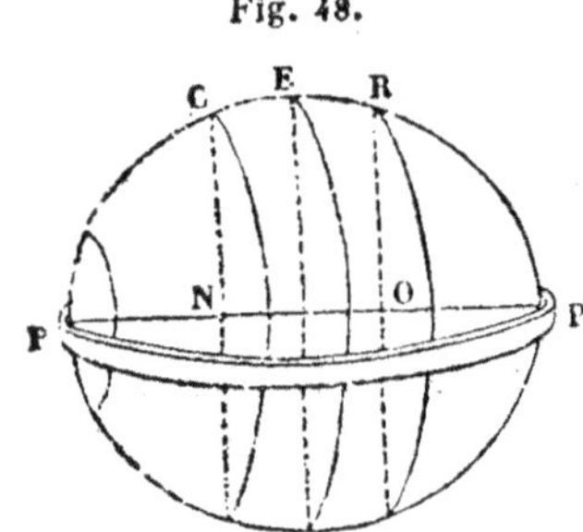

Fig. 48.

Pour les spectateurs placés aux pôles, le globe aura
la position de la figure 49 : leur horizon HH′ se confond
avec l'équateur, et les cercles diurnes lui sont parallèles;
on y voit donc tourner les astres horizontalement. En
conséquence, au pôle nord
P on verra le soleil se lever
à l'équinoxe de mars, rasant
d'abord l'horizon qu'il parcourra toutes les 24 heures,
et s'élever peu à peu en spirale jusqu'à ce qu'il attei-
gne le tropique du Cancer
DC, au 22 juin. Alors cet
astre redescendra par la
même route pour se coucher
à l'équinoxe de septembre.

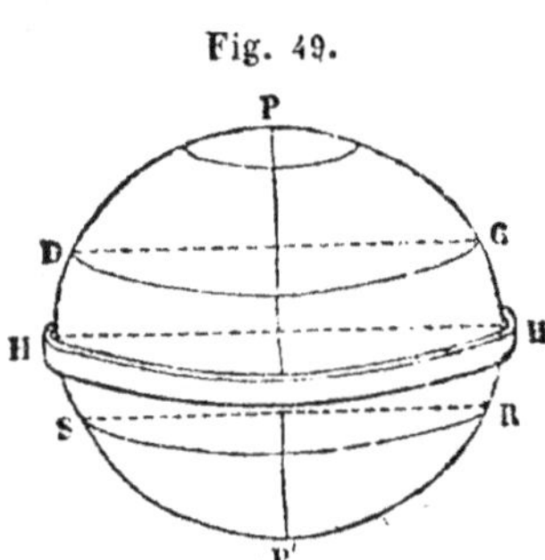

Fig. 49.

Dans cet intervalle de six mois, le pôle nord aura joui
d'un jour continu, et le pôle sud de la nuit. Ce sera
l'inverse pendant les autres six mois de l'année.

Ce phénomène, particulier au pôle, subira des modifications successives si le spectateur s'éloigne peu à
peu de ce point, car il verra les cercles diurnes du
soleil s'incliner sur l'horizon et cet astre disparaître à
des époques successivement plus rapprochées ; aussi le
temps pendant lequel le soleil reste visible n'est plus

que de cinq mois consécutifs à 5 ou 6 degrés du pôle, de trois mois à 16 degrés, d'un mois à 22 degrés ½. Enfin, sous le cercle polaire, il n'y a plus que le seul jour du solstice où le soleil ne se couche pas.

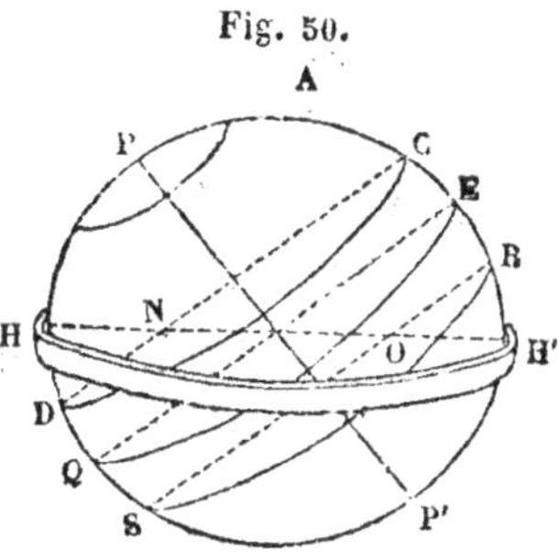

Dans les zones tempérées le spectateur A (*fig. 50*) voit le globe dans la position de la figure. L'horizon HH' coupe les cercles diurnes sous une obliquité plus ou moins considérable, selon la latitude, et le soleil, s'y couchant toutes les 24 heures, pendant un temps plus ou moins long, y produit des jours et des nuits d'une longueur variable. Durant le printemps et l'été, quand le soleil est dans la bande EC, la durée du jour est plus grande que celle de la nuit, car la partie visible CN des cercles diurnes surpasse la partie invisible DN. Pendant l'hiver et l'automne, c'est le contraire, puisque RO est plus petit que SO.

Au reste, le tableau suivant fait connaître la longueur relative des jours et des nuits pour les diverses latitudes.

Latitudes.	Durée du jour le plus long.		Durée du jour le plus court.	
0 équateur	12 heures		12 heures	
10	12^h 35^m		11^h 25^m	
20	13	13	10	47
30	13	56	10	4
40	14	51	9	9
50	16	9	7	51
60	18	30	5	30
66° 32' 30"	24		0	

Dans les régions polaires, le soleil ne se couche pas pendant les durées suivantes :

à 66° 32′ 30″ de latitude . 1 jour
67 23 . . . . 1 mois
69 51 . . . . 2 »
73 40 . . . . 3 »
78 11 . . . . 4 »
84 5 . . . . : . . . . 5 »
90   . . . . 6 »

74. *Observation.* On donne la démonstration matérielle des phénomènes que nous venons de décrire à
l'aide d'un globe terrestre monté sur son pied. A cet
effet, on colle des pains à cacheter aux points où un
même méridien coupe l'équateur et les deux tropiques ;
on dispose ce globe dans les trois positions successives
qu'indiquent les figures 48, 49, 50 , et à chaque fois
on lui fait exécuter une révolution sur son axe : les
pains à cacheter, dans ces évolutions, marqueront la
route apparente du soleil et feront comprendre la distribution du jour et de la nuit aux divers lieux.

Une autre expérience propre à faire concevoir aux
élèves la production des saisons, consiste à prendre
une boule embrochée d'une tige rigide, pour représenter la terre et son axe ; à poser sur une table une bougie tenant lieu du soleil ; à appuyer sur cette table une
des extrémités de la tige, en donnant à cet axe une inclinaison approximative de 66°, et à faire circuler
l'appareil autour du flambeau, en ayant soin que la
tige conserve invariablement une direction parallèle à
sa position primitive.

75. **Crépuscule.** Les faits développés au n° 73 n'ont
pas, en réalité, la précision que leur suppose la théorie,
parce que les influences atmosphériques leur font subir des modifications dont nous n'avons tenu aucun
compte. Astronomiquement parlant, le jour commence
à l'instant où le centre du soleil arrive sur l'horizon
oriental, et finit dès que ce centre touche l'horizon
occidental ; tandis que le jour effectif comprend en
outre le *crépuscule*, c'est-à-dire cette lumière diffuse
qui constitue l'*aurore* le matin et la *brune* le soir.

S'il n'existait pas d'enveloppe gazeuse autour du globe terrestre, le jour et la nuit se feraient tout d'un coup sans transition de crépuscule ; mais les rayons solaires, bien avant le lever de cet astre et après son coucher, frappent les régions supérieures de l'atmosphère et y subissent des réflexions et des réfractions nombreuses dont l'effet est d'amener sur le sol cette clarté crépusculaire qui va en augmentant à mesure que le soleil avance. C'est ainsi que certains lieux où le soleil ne pénètre jamais sont éclairés néanmoins d'une lumière diffuse, laquelle provient de la réflexion et de la réfraction que les corps environnants font éprouver à la lumière directe de l'astre radieux.

On a calculé que les premières lueurs crépusculaires commencent, le matin, quand le centre du soleil est encore sous l'horizon, à une distance verticale de 18 degrés, et qu'elles disparaissent, le soir, à une même distance angulaire. La durée du crépuscule est donc très-différente pour les diverses latitudes. Vers l'équateur (*fig.* 48), où les cercles diurnes sont verticaux, le soleil emploira le même délai pour s'avancer de 18° de l'horizon que pour parcourir 18° de sa course diurne apparente, c'est-à-dire une heure 12 minutes ; en conséquence, le crépuscule, sous l'équateur, aura le matin et le soir une durée de 1 heure 12 minutes, et le jour effectif y surpassera le jour astronomique de 2 heures 24 minutes ; les nuits n'y seront donc que de 9 heures 36 minutes, au lieu de 12 heures portées au tableau théorique (n° 73).

Aux pôles, au contraire, (*fig.* 49) le soleil tournant presque horizontalement ne progresse en hauteur verticale qu'à mesure qu'il avance en déclinaison, et le crépuscule y aura une durée énorme. En effet, les premières lueurs de l'aurore doivent apparaître au pôle nord, par exemple, quand le soleil est encore dans l'hémisphère opposé à 18° au-dessous de l'équateur ; ainsi, l'aurore y précédera le lever réel de cet astre de tout le temps qu'il lui faut pour s'avancer de 18° en déclinaison, ce qui exige plus d'un mois et demi. Par conséquent, pour les pôles, l'aurore et la brune auront une durée chacune de plus d'un mois et demi, et le jour effectif y surpassera de plus de trois mois le jour théorique du tableau (n° 73); ce sera donc 9 mois de clarté continue, au lieu de 6 mois.

Si l'on ajoute à cela la clarté de la lune et celle des aurores boréales, on comprendra que le pôle a fort peu de nuit close.

Enfin, pour les régions intermédiaires la longueur du crépuscule est plus difficile à calculer : elle varie non seulement avec la latitude, c'est-à-dire avec l'inclinaison des cercles diurnes, mais elle change encore avec les saisons. Nous nous bornerons à faire remarquer que l'effet du crépuscule rend inexacte l'assertion du n° 73 où nous annonçons, en théorie, que les cercles polaires n'ont qu'un seul jour de l'année sans nuit, le jour des solstices? Les peuples de ces latitudes jouissent d'une clarté non interrompue aux environs des solstices, et ils voient le soleil plusieurs jours de suite à cause de la réfraction. En deçà même et sous les latitudes de 65, 64 et 63 degrés, le soleil ne disparaît pas à cette époque, bien que le tableau leur assigne plusieurs heures de nuit toutes les vingt-quatre heures.

Enfin, l'influence crépusculaire est si puissante, qu'à Paris, sous la latitude de 49 degrés, à l'époque du solstice (22 juin), il n'y a pas de nuit close : la brune du soir n'a pas fini que l'aurore du matin commence.

76. **Précession des équinoxes.** Le phénomène appelé *précession des équinoxes* consiste en ce que, chaque année, les points équinoxiaux, où l'écliptique et l'équateur se coupent, changent de place en rétrogradant vers l'ouest d'une quantité angulaire de 52 secondes et $\frac{4}{5}$, de telle sorte que ces points parcourent un degré tous les 72 ans et font le tour entier de l'écliptique dans une période de 26000 ans environ.

Ce déplacement en sens contraire des mouvements de la terre s'explique de la manière suivante :

Pour faciliter les démonstrations, nous avons dit

5

(n° 65) que l'axe terrestre demeure parallèle à lui-même pendant la circonvolution de la terre dans l'espace ; mais il n'en est pas rigoureusement ainsi : en réalité (*fig. 51*), notre globe éprouve une sorte de balancement sur son centre T, qui fait opérer à son axe PP' une révolution conique PR autour d'une perpendiculaire TN élevée au plan SGH de l'orbite.

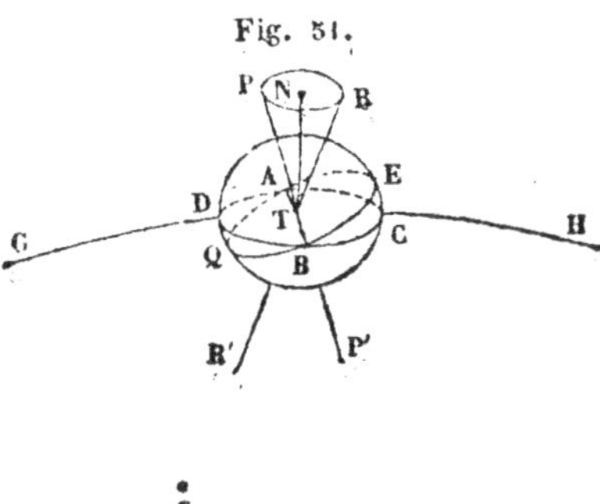

Ce mouvement de l'est à l'ouest a pour effet de déplacer la direction des pôles P, P' et celle de l'équateur QE, puisque celui-ci doit rester perpendiculaire à l'axe terrestre ; de reporter vers l'ouest les points A et B où cet équateur vient couper l'écliptique CD, et de rendre le retour périodique des saisons plus court que l'année sidérale de tout le temps que met la terre pour parcourir, sur son orbite, un arc de 52 secondes et 1/5, ou bien d'une durée de 20 minutes environ.

La révolution conique de l'axe de rotation de notre globe, très-lente puisqu'elle ne s'effectue que dans 26000 ans, est peu apparente dans le courant d'une année ; mais elle devint très-appréciable dans la succession des siècles : c'est ainsi que l'étoile que nous nommons polaire aujourd'hui ne méritait pas cette dénomination dans l'antiquité et ne la conservera pas toujours. Dans 12000 ans environ, le pôle céleste atteindra la belle étoile *Wega* de la Lyre.

La précession des équinoxes, en déplaçant l'origine des ascensions droites, qui est aussi celle du printemps, introduit un désaccord entre les signes du zodiaque et les constellations de même nom (n° 34). Au temps d'Hipparque, il y a deux mille ans, ces deux subdivisions de la bande zodiacale se correspondaient exactement ; mais depuis lors, l'équinoxe de printemps ayant rétrogradé de 27 degrés, se trouve vers l'extrémité occidentale de la constellation des Poissons. Aussi faut-il établir aujourd'hui une distinction essentielle entre les signes et les constellations.

Les signes du zodiaque sont les subdivisions numériques de cette bande en douze parties égales de 30 degrés chacune, dont la première, marquant le signe du Bélier, commence toujours au point équinoxial du printemps, malgré sa mobilité, tandis que les constellations zodiacales sont des groupes d'étoiles d'une étendue inégale qui conservent invariablement leur position sur la voûte céleste.

Les mêmes signes correspondent sans cesse aux mêmes saisons, et leur rétrogradation vers l'ouest semble pousser les constellations à l'est.

§ VI. MESURE DU TEMPS.

Sommaire. — Temps sidéral, temps solaire et temps moyen. — Equation du temps. — Le calendrier et ses réformes.

77. Le temps, dans sa durée indéfinie, ne peut être apprécié que par la succession des phénomènes et des événements qui s'opèrent autour de nous, et son unité de mesure est prise naturellement dans les révolutions périodiques des astres ; aussi le jour et l'année servent partout à compter le temps.

La question néanmoins est plus compliquée qu'il n'y paraît d'abord ; car il existe plusieurs espèces de jours et d'années, et ces années ne se composent pas d'un nombre entier de jours.

78. **Rapport du jour sidéral au jour solaire**. En rapprochant la définition du n° 11 de ce que nous avons dit n° 58, on comprendra que le *jour sidéral* est le temps qu'emploie la terre pour exécuter un tour complet sur son axe. Cette durée est restée invariable depuis l'antiquité la plus reculée.

Le *jour solaire*, au contraire, ou l'intervalle compris entre deux passages consécutifs du soleil par le méridien (n° 35), est variable et plus long que le jour sidéral, comme nous allons le faire voir.

Dans son mouvement de translation, la terre avance sur son orbite d'un degré environ chaque jour, et ce déplacement se traduit à nos yeux par une avance du soleil sur l'écliptique d'une même quantité et dans le même sens ; ainsi, pour que le soleil qui passe par notre méridien aujourd'hui s'y retrouve demain, il faudra que, dans l'intervalle, la terre ait exécuté sur son axe un tour entier, plus un degré environ, ce qui donne une plus longue durée au jour solaire. D'ailleurs, la vitesse de translation de la terre étant plus ou moins rapide selon les saisons (n° 69), la différence entre le jour solaire et le jour sidéral variera également ; mais, en moyenne, le jour solaire surpasse le jour sidéral de 3 minutes 56 1/2 secondes.

En second lieu, nous avons aussi l'*année sidérale* et l'*année solaire*.

79. Année sidérale. On nomme année sidérale le temps employé par la terre pour faire sa révolution complète autour du soleil, c'est-à-dire pour parcourir tous les points de son orbite. Dans cet intervalle, le globe terrestre tourne son axe 366 fois et un quart environ, ou mieux 366,25638 ; en sorte que l'année sidérale compte 366 jours sidéraux et un quart, ou bien 366 jours 6 heures 9 minutes 1 seconde.

80. Année solaire ou année tropique. L'année solaire ou tropique est (n° 35) le temps écoulé entre deux passages consécutifs de la terre par le même équinoxe ; c'est la durée périodique des quatre saisons. Cette durée est plus courte que celle de l'année sidérale, à cause de la précession des équinoxes (n° 76), de tout le temps que met la terre à parcourir un arc de 52″,2 sur son orbite, ou bien de 20 minutes 24 secondes sidérales.

L'année tropique est composée de 365 jours solaires et d'un peu moins d'un quart de jour, ou de 365j,24226, c'est-à-dire de 365 jours 5 heures 48 minutes 51 secondes.

Le temps solaire, sensible à tous les yeux, nommé encore *temps vrai*, a été adopté exclusivement par tous les peuples pour mesurer la durée, parce que la vie sociale est réglée partout sur la marche des saisons.

81. Temps moyen. Mais ce temps solaire, ou jour vrai, que les convenances sociales ont fait prendre pour mesurer le temps, n'a pas le caractère rigoureux d'une unité de mesure à cause de sa variabilité, et il a fallu suppléer à l'exactitude qui lui manque. A cet effet, on a imaginé le *temps moyen*.

On nomme *jour moyen* la durée commune qu'auraient les jours solaires s'ils étaient tous égaux entre eux. Le jour moyen se subdivise en heures, minutes et secondes moyennes.

Les gnomons et les montres solaires marquent le temps vrai, tandis que les montres, horloges et chronomètres, dans leur marche isochrone, ne peuvent marquer que le temps moyen.

82. Equation du temps. Pour apprécier le temps moyen et le comparer au temps vrai, les astronomes ont eu recours à une fiction : ils ont supposé qu'un soleil idéal parcourût l'équateur d'un mouvement uniforme dans le même intervalle d'une année, que met le soleil réel à parcourir l'écliptique suivant la loi des aires, et à partir du moment donné où ces deux mobiles se trouvent sur le même mériden. Le déplacement de ce soleil fictif en ascension droite serait chaque jour de $0° 59' 8'',3$ donné par le quotient $\dfrac{360°}{365,24226}$, et sa rotation diurne marquerait le jour moyen, car elle aurait toujours une durée égale à la longueur moyenne des jours solaires ; enfin, son passage quotidien par le méridien d'un lieu indiquerait le *midi moyen* de ce lieu.

Le midi moyen est en avance ou en retard sur le midi vrai, selon l'époque de l'année, et leur différence, qui varie entre zéro et 16 minutes ½, est ce qu'on appelle *équation du temps*. L'Annuaire du bureau des longitudes fait connaître la valeur de l'équation du temps pour tous les jours de l'année. En consultant ces tables, on verra que cette valeur est nulle quatre fois par an, savoir : le 15 avril, le 15 juin, le 1er septembre et le 25 décembre, c'est-à-dire qu'à ces dates les deux midis ont lieu au même instant; et l'on trouvera que, le 11 février, le midi moyen avance de 14 minutes ½ sur le midi vrai, tandis que le 2 novembre, le premier est en retard de 16 minutes ⅓ sur le second. •

83. Il ne faudrait pas prendre l'équation du temps, ou l'intervalle du midi moyen au midi vrai, pour la différence réelle entre les jours vrais et les jours moyens; celle-ci, qui ne dépasse pas une demi-minute, est exprimée par la différence qu'on trouvera dans les tables entre deux valeurs consécutives de l'équation du temps. Ce sont ces différences accumulées pendant les périodes croissantes et décroissantes qui amènent les valeurs extrêmes de l'équation du temps.

Dans l'usage ordinaire, on fait commencer le jour à midi ; mais les astronomes prennent l'origine du jour à minuit, ou 12 heures plus tôt ; il faut donc distinguer encore le *jour civil* du *jour astronomique*.

84. **Calendrier.** Le calendrier est le régulateur du temps en vue des besoins sociaux. L'unité adoptée généralement est l'*année civile :* on nomme ainsi une année composée d'un nombre entier de jours, et subdivisée en saisons, mois, semaines, jours, heures, minutes et secondes. L'accumulation de cent années forme le *siècle*. L'origine des dates, variable avec les temps et les lieux, comme celle du jour et de l'année, a été fixée par les divers peuples à une époque remarquable de leur histoire, nommée *ère*.

Dans l'antiquité, on ne connut qu'imparfaitement la longueur de l'année, et on la compta successivement de 304 jours, de 354, de 365 et de 366 jours ; aussi la chronologie des siècles éloignés est indéchiffrable.

Quand on se fut assuré, plus tard, que la longueur véritable de l'année solaire est fractionnaire et qu'elle se compose de 365 jours et un quart environ, on comprit que la négligence de cette fraction avait introduit un désaccord prodigieux entre l'année civile et l'année solaire, et il fallut réformer le calendrier.

Réforme julienne. L'histoire mentionne plusieurs réformes opérées dans les temps anciens ; mais le premier réformateur judicieux fut *Jules César*, aidé de l'astronome égyptien *Sosigène*, l'an 44 avant Jésus-Christ. Pour concilier la fraction de jour que contient l'année solaire avec la nécessité de laisser à l'année civile un nombre de jours entier, ces grands hommes décrétèrent que tous les quatre ans on compterait trois années *communes* de 365 jours et une de 366 jours, appelée *bissextile*.

Mais il fallait compenser les erreurs accumulées jusqu'alors avant de mettre en pratique la *réforme julienne*, et, pour remplir ce but, Jules César, prolongeant l'année courante de tout le temps nécessaire, la composa de 445 jours. Cette année extraordinaire fut nommée l'*année de confusion*.

Sosigène avait donc supposé l'année solaire égale à 365^j,25, valeur trop forte, puisqu'elle ne vaut que 365^j,24226.

Cet excès devait amener une nouvelle discordance et nécessiter, par la suite, une réforme nouvelle. Le concile de Nicée s'en occupa l'an 325 de l'ère chrétienne, mais imparfaitement encore.

Réforme grégorienne. Ce ne fut qu'en 1582 que le pape Grégoire XIII, aidé de l'astronome *Lilio*, réussit à opérer une réforme radicale. L'erreur de Sosigène équivalait à un jour tous les 129 ans, et à 10 jours pour les 1257 années comprises entre 325 et 1582 ; de telle sorte que, sous Grégoire XIII, l'année civile retardait de 10 jours sur l'année solaire. La première chose qu'avait à faire le souverain pontife, c'était de rétablir l'accord en avançant les dates de 10 jours ; et, à cet effet, il ordonna que le lendemain du 4 octobre on compterait le 15, et qu'on célébrerait la fête de sainte Thérèse, fixée au 15 octobre.

Le pape réformateur comprit, en outre, que, pour prévenir toute discordance ultérieure, il fallait modifier le calendrier julien, en supprimant trois années bissextiles tous les quatre siècles, et il rédigea ainsi la réforme qui porte son nom : *A partir de 1582, toutes les années dont le millésime est indivisible par 4 seront bissextiles, à l'exception des années séculaires dont le millésime n'est pas divisible par 400.*

En conséquence, les années 1584, 1588, 1596, 1600 furent bissextiles, ainsi que les séries 1604.....1696..... 1704.....1796 ; mais 1700 et 1800 n'ont pas été bissextiles, et 1900 ne le sera pas non plus.

Le calendrier grégorien est suivi par tous les peuples éclairés, mais les Russes ont conservé le calendrier julien ; en sorte qu'aujourd'hui les dates russes sont en retard de 12 jours sur les nôtres.

PROBLÈMES DU LIVRE III.

Pour résoudre la plupart des problèmes que suggèrent les mouvements des astres, il faut être muni d'un globe terrestre et d'un globe céleste montés sur leur pied (voyez la *fig.* 30).

On sait que la terre est concentrique à la sphère céleste, et qu'ainsi les grands cercles de même nom dans ces deux sphères sont contenus dans les mêmes plans. Les instruments artificiels qui sont destinés à représenter ces deux globes auront donc une construction identique, avec cette différence seulement que le globe terrestre portera sur sa surface l'indication des continents, des iles et des mers, tandis qu'on aura dessiné sur le globe céleste les figures des constellations et les étoiles respectives qui composent chacune d'elles.

Un globe artificiel est composé de deux parties : l'une fixe AHO, l'autre mobile PMP'. Le pied ou porte-globe AHO n'a d'important que le cercle matériel HO, destiné à représenter l'horizon de l'observateur. Sur cette bande circulaire on a tracé plusieurs circonférences concentriques qui indiquent 1° les signes et les degrés du zodiaque, 2° les mois et les jours de l'année, 3° les points cardinaux et leurs subdivisions intermédiaires.

La partie mobile **PMP'** est elle-même en deux pièces qui peuvent tourner librement autour d'un axe commun. C'est une boule enchâssée dans une seconde bande circulaire PMP' qui représente le méridien de l'observateur. Ces deux pièces sont réunies par une tige en fer dont les extrémités P, P' indiquent les pôles terrestres ou célestes, selon qu'on a dessiné la terre ou le ciel sur la surface de la boule.

Le globe et son méridien reposent sur le pied A et sont maintenus dans la position verticale par deux échancrures H et O qu'on a pratiquées sur la bande horizontale. Cette disposition permet au méridien de tourner dans son plan pour amener le pôle à la hauteur voulue.

Chaque globe, en outre, est accompagné d'un cadran ou cercle horaire, petit cercle cloué autour du pôle et divisé en 24 heures. Pour marquer les heures, on a adapté à frottement, à l'extrémité de l'axe en fer, une petite aiguille qu'on peut arrêter sur l'heure demandée.

PROBLÈME I.

Disposer le globe terrestre pour un lieu donné.

Cherchez la latitude du lieu désigné ; prenez le globe terrestre, élevez le pôle au-dessus de l'horizon d'un nombre de degrés égal à cette latitude, et amenez le lieu donné au-dessous du méridien matériel de ce globe.

On voit, en effet, que par cette disposition le méridien et l'horizon matériels du globe artificiel représenteront le méridien et l'horizon véritables du pays désigné.

Il est bien entendu que le pôle élevé sera le pôle arctique P ou le pôle antarctique P', selon que la latitude trouvée est boréale ou australe.

La figure 30 représente la position du globe terrestre pour la latitude moyenne de la France, quand le spectateur regarde l'orient. En faisant tourner ce globe de l'ouest à l'est, c'est-à-dire de l'avant à l'arrière, on pourra suivre les alternatives de jour et de nuit, et résoudre un grand nombre de questions relatives à notre position sur la terre.

PROBLÈME II.

Disposer le globe céleste selon le lieu et le temps.

Prenez le globe céleste, élevez le pôle d'un nombre de degrés égal à la latitude du lieu ; cherchez sur sa bande horizontale le signe et le degré du zodiaque qui correspondent au jour de l'expérience ; prenez ce même degré sur l'écliptique qui est tracé sur le globe, et amenez ce point sous la bande qui représente le méridien. Par là vous aurez donné à la sphère céleste la position véritable qu'elle a au jour désigné et à l'heure de midi. Pour trouver ensuite la position qui convient à une autre heure, placez l'aiguille mobile sur le midi du cadran, et faites tourner le globe de l'est à l'ouest, jusqu'à ce que la pointe de cette aiguille arrive en face de l'heure désignée.

On pourra, par ce moyen, représenter l'aspect du ciel pour toutes les heures de la nuit à la date indiquée, comme aussi trouver, pour ce jour-là, l'heure du lever et du coucher d'une étoile ou d'une constellation donnée.

PROBLÈME III.

Indiquer la position des signes et des constellations du zodiaque et préciser leur différence.

On sait (n° 34) que la zone zodiacale d'une largeur de 16 degrés est parallèle à l'écliptique qui en occupe le milieu, et qu'elle est subdivisée en douze parties égales, appelées les douze signes du zodiaque, à partir de l'équinoxe de printemps, c'est-à-dire (fig. 20) à compter du point A, où l'écliptique coupe l'équateur vers le 22 mars de chaque année.

Les noms de ces signes, en allant vers l'est, sont : 1° le *Bélier*, 2° le *Taureau*, 3° les *Gémeaux*, 4° le *Cancer*, 5° le *Lion*, 6° la *Vierge*, 7° la *Balance*, 8° le *Scorpion*, 9° le *Sagittaire*, 10° le *Capricorne*, 11° le *Verseau*, 12° les *Poissons*. Les six premiers sont situés dans l'hémisphère boréal, les six autres dans l'hémisphère austral.

Le premier degré du Bélier correspond à l'équinoxe de printemps, et le premier degré de la Balance, diamétralement opposé, marque l'équinoxe d'automne ; tandis que le premier degré du Cancer et le premier degré du Capricorne, qui touchent aux tropiques de même nom, indiquent les solstices d'été et d'hiver. Enfin, ces signes, pris trois à trois dans l'ordre de leurs numéros, correspondent aux quatre saisons.

La position de ces douze signes change avec le temps par suite de la précession des équinoxes ; ils s'avancent peu à peu vers l'occident, puisque chaque année, au printemps, l'écliptique coupe l'équateur en un point plus occidental, lequel demeure conventionnellement le premier degré du Bélier.

Quant aux constellations zodiacales, c'est autre chose. Ces groupes d'étoiles qui dès le principe ont eu les mêmes noms que les signes avec lesquels ils correspondaient alors, n'ont pas une même étendue, et ne divisent conséquemment pas le zodiaque en douze parties égales. Ainsi, même à l'origine, la correspondance des constellations avec les signes n'a été qu'approximative, et comme les étoiles ont une position invariable, tandis que les signes rétrogradent constamment, le désaccord s'accroît sans cesse.

Depuis Hipparque, cette rétrogradation a été de 27 degrés ou presque d'un signe ; aussi le premier degré du signe du Bélier, ou l'équinoxe de printemps, marqué par le caractère ♈, n'est plus dans la constellation de ce nom, mais à l'extrémité occidentale de la constellation des Poissons, comme on le voit sur les globes célestes destinés à l'enseignement. Il en est de même pour tous les autres.

PROBLÈME IV.

Qu'entend-on par l'entrée du soleil dans les signes du zodiaque ?

Pendant la course annuelle du soleil de l'ouest à l'est, le centre de cet astre parcourt tous les points de l'écliptique et se confond successivement avec chaque degré du zodiaque ; or, on dit que le soleil entre dans tel signe du zodiaque à l'instant où le centre de l'astre radieux atteint le premier degré de ce signe.

Ainsi, cette année 1860, le passage du soleil par le point équinoxial de printemps s'est opéré le 20 mars à 9 heures 14 minutes du matin ; en ce moment donc, le soleil est entré dans le signe du Bélier, et le printemps a commencé.

Le soleil emploie un mois à peu près pour parcourir chaque signe ; aussi il est entré dans le signe du Taureau le 19 avril à 9 heures 19 minutes du soir ; dans les Gémeaux, le 20 mai à 9 heures 23 minutes du soir ; dans le Cancer, le 21 juin à 5 heures 53 minutes du matin, etc...

Observation. Ces locutions, introduites à l'époque où l'on croyait que le soleil et le firmament tournaient autour de la terre immobile, devraient être modifiées aujourd'hui que nous savons le contraire : au lieu d'annoncer que le soleil entre dans le signe du Bélier en mars, il serait plus exact de dire que la terre, en ce moment, entre dans le signe de la Balance diamétralement opposé ; car c'est le centre de notre globe, en réalité, qui parcourt l'écliptique.

PROBLÈME V.

On demande à quelle distance, en pleine mer, on peut apercevoir le sommet d'un pic dont l'élévation verticale est de 3,000 mètres, et en supposant l'œil de l'observateur à 5 mètres de la surface de l'eau.

D'après ce que nous avons vu au n° 41, et en nous reportant à la figure 24, nous comprendrons que la distance demandée se compose de la somme de deux tangentes, l'une AN, déterminée par l'élévation du pic A, l'autre, située sur le prolongement de AN, entre le point de tangence N et l'œil de l'observateur en mer sur le navire M.

Pour trouver cette distance, il faut donc résoudre deux triangles rectangles qui ont le rayon de la terre R pour côté commun, et dont les hypoténuses respectives valent R $+$ 3000 et R $+$ 5.

Appelons X et x les deux tangentes cherchées et prenons le kilomètre pour unité, en nous rappelant que R $=$ 6366 kilomètres ; alors R $+$ 3000 $=$ 6369 et R $+$ 5 $=$ 6366,005. Les propriétés connues du triangle rectangle donneront alors

$$X = \sqrt{(6369)^2 - (6366)^2} \text{ et } x = \sqrt{(6366,005)^2 - (6366)^2},$$

ou bien X $= \sqrt{38205} = 195$, et $x = \sqrt{63,66} = 8$.

Le sommet du pic sera donc aperçu d'une distance en mer de 195 $+$ 8 $=$ 203 kilomètres.

PROBLÈME VI.

Calculer le largue en pleine mer.

Les marins appellent *largue* l'étendue de leur horizon visuel. Sa valeur est d'autant plus grande que le tillac du navire est plus élevé ; mais dans tous les cas la solution du problème se réduit au calcul d'un triangle rectangle, comme dans le problème précédent.

On trouve, par exemple, que l'étendue du largue est de six kilomètres et demi pour un spectateur placé sur un navire à trois mètres au dessus de la surface de la mer.

Ce résultat est confirmé par l'expérience, car on a constaté que deux navires dont les tillacs sont à trois mètres de hauteur ne peuvent plus s'apercevoir en mer, dès qu'ils sont éloignés l'un de l'autre de 12600 mètres.

PROBLÈME VII.

De combien le lever du soleil à Toulon avance-t-il sur Bayonne?

Ces deux pays, situés sous la même latitude à peu près, ont en longitude une différence de 7° 24' 30''; et puisque chaque degré de longitude correspond à 4 minutes en temps, on aura

$$4 \ (7° \ 24' \ 30'') = 29^m \ 38^s \ ;$$

c'est-à-dire que le soleil se lèvera à Toulon 29 minutes 38 secondes avant qu'il ne soit levé à Bayonne.

PROBLÈME VIII.

Un voyageur, allant de l'ouest à l'est sur le parallèle de Paris, a parcouru une distance de 240 kilomètres; on demande de combien de degrés en longitude ce voyageur s'est déplacé.

Il faut d'abord tenir compte des sinuosités de la route ; or, on estime en général que cette courbure allonge d'un cinquième la distance en ligne droite. (Nous faisons ici abstraction de la courbure sphérique du sol). En conséquence, pour obtenir le déplacement de notre voyageur en ligne droite, nous retrancherons $\frac{1}{6}$ au nombre 240, ce qui réduira la distance à 200 kilomètres.

Nous chercherons ensuite, d'après le tableau de la page 77 , la valeur de l'arc d'un degré du parallèle de Paris, laquelle est de 73 kilomètres, et en divisant 200 par 73, nous aurons pour quotient la réponse à la question proposée ; ce quotient est 2,74 ou bien 2° 44' 24''.

PROBLÈME IX.

Calculer la distance qui existe entre deux villes dont les coordonnées géographiques sont connues ; prendre pour exemple Bordeaux et Strasbourg.

La solution de cette question en général exigerait la détermination d'un triangle sphérique dont la distance demandée est l'hypoténuse ; mais, quand les villes données ne sont pas à de grandes distances, on peut regarder ce triangle comme rectiligne.

Nous avons donc à résoudre un triangle rectangle dont l'hypoténuse est la distance, en ligne droite, de Bordeaux à Strasbourg, et dont les côtés de l'angle droit sont : 1° la différence des latitudes entre ces deux villes, 2° leur différence en longitude.

Or, les coordonnées géographiques des villes données sont :

Bordeaux   44° 50' 19" latitude b. 2° 54' 56" long. occid.
Strasbourg 48° 34' 57" latitude b. 5° 24' 54" long. orient.

La différence en latitude est donc 3° 44' 38", et la différence en longitude, devenant une somme, puisque ces longitudes sont de signes contraires, est de 8° 19' 50".

Il faut maintenant traduire ces valeurs angulaires en kilomètres, d'après le tableau du n° 55, et en prenant lés latitudes et les longitudes moyennes entre Bordeaux et Strasbourg pour plus d'exactitude ; l'on trouve ainsi qu'un degré de ce parallèle moyen vaut, en kilomètres, 76,335, et que le degré moyen du méridien est de 111,154.

On aura donc, pour les côtés de l'angle droit du triangle rectangle à résoudre, les valeurs

$$(3° \ 44' \ 38'') \ 111,154 = 3,744 \times 111,154 = 416,16$$
$$(8° \ 19' \ 50'') \ 76,335 = 8,33 \times 76,335 = 635,87.$$

En conséquence, l'hypoténuse demandée x sera

$$x = \sqrt{(416,16)^2 + (635,87)^2} = \sqrt{577686} = 760.$$

L'on en conclura que de Bordeaux à Strasbourg il y a, en ligne droite, 760 kilomètres ; et comme la distance routière effective doit être plus grande de $\frac{4}{5}$, on aura $760 + 152 = 912$ kilomètres à parcourir réellement pour aller de l'une à l'autre de ces deux villes.

PROBLÈME X.

Un navire parti du Havre pour les Etats-Unis constate, à un moment donné, que l'heure du lieu est en retard de $2^h \ 37^m \ 13^s$ sur l'heure de Paris ; on demande d'exprimer en degrés la longitude occidentale de ce lieu.

D'après le principe du n° 46, il faudra multiplier par 15 le temps qui marque le retard indiqué, et l'on trouvera pour la longitude demandée $(2^h \ 37^m \ 13^s) \ 15 = 39° \ 18' \ 15''$.

Pour effectuer cette multiplication, on emploiera la méthode des nombres complexes, ou bien on réduira les 37 minutes et les 13 secondes en fractions décimales de l'heure.

PROBLÈME XI.

Établir la concordance des dates entre le calendrier julien et le calendrier grégorien.

L'année tropique est de 365j,24226 ; mais on sait que Jules César l'avait évaluée à 365j,25, quand il créa une année bissextile tous les quatre ans pour faire concorder l'année civile avec l'année astronomique. Ceci établissait une différence annuelle de 11 minutes environ ; de telle sorte que le calendrier julien comptait un jour de plus tous les 129 ans, et faisait ainsi retarder les dates d'un jour.

Quand Grégoire XIII voulut, à son tour, corriger l'erreur julienne et régler l'année civile, il compta l'année de 365j,2425, valeur plus approchée que celle de Jules César, mais ayant encore un excès sur la valeur réelle de l'année tropique.

Or, les deux évaluations de nos réformateurs ont entre elles une différence de 0j,0075 ; et comme cette fraction, multipliée par 400, donne au produit 3 entiers, on voit que dans quatre cents ans le calendrier julien compte trois jours de plus que le calendrier grégorien ; ou bien, que le premier fait retarder les dates de trois jours sur le second.

Ce fut pour corriger cette erreur que Grégoire XIII supprima trois années bissextiles tous les quatre siècles, en décidant que la suppression aurait lieu aux années séculaires non divisibles par 400.

A l'époque de la réforme papale, en 1552, le calendrier julien, dit *vieux style*, était en retard de dix jours sur le calendrier grégorien (*nouveau style*) ; cette différence augmenta d'un jour en 1700, parce que cette année séculaire fut bissextile pour l'ancien calendrier et commune pour le nouveau. Les dates du vieux au nouveau style ont donc eu une différence de 11 jours pendant tout le cours du XVIIIe siècle.

De même, l'an 1800 introduisit encore un jour de plus dans ces différences de dates, et l'année 1900 aura le même effet ; mais 2000 sera bissextile pour les deux calendriers.

Comme les Russes et les Grecs ont conservé l'usage du calendrier julien, il est bon de se familiariser avec ces concordances. A cet effet, nous citerons quelques exemples :

Le 13 avril 1647, vieux style, correspond au 23 avril dans le style nouveau (différence, 10 jours pendant tout le XVIIe siècle).

Le 8 juillet 1720, nouveau style, correspond au 27 juin de la même année, vieux style (différence, 11 jours pour le XVIIIe siècle).

La bataille de la Moskowa s'est livrée le 7 septembre 1812,

d'après notre calendrier ; mais les Russes donnent à cette bataille la date du 26 août (différence, 12 jours pour le XIXe siècle).

PROBLÈME XII.

Expliquer les dates paradoxales qu'on avait nommées la semaine des trois jeudis.

Trois amis réunis à Paris, discourant sur les phénomènes célestes, révoquaient en doute la rotondité de la terre et les antipodes. Pour trancher la question, il fut décidé que deux d'entre eux entreprendraient le tour du monde en sens contraire.

Le départ eut lieu le 1er mai 1855, et il fut convenu que les deux voyageurs régleraient leur course de manière à rester juste une année en route (ce qui est très-praticable aujourd'hui), et qu'on se réunirait de nouveau le 1er mai de l'année suivante chez l'ami qui restait à Paris.

M. E..., se dirigeant vers l'est, va s'embarquer aussitôt à Toulon, traverse la Syrie, descend l'Euphrate et le golfe Persique jusqu'à Surate ; il double ensuite la presqu'île des Indes, passe par le détroit de la Sonde, et, en voguant toujours vers l'est, à travers les innombrables îlots de l'Océanie, il vient aborder à l'isthme de Panama. De là, notre voyageur franchit l'archipel des Antilles, l'Océan Atlantique, et débarque au Havre, tout ravi d'avoir rejoint les côtes de France.

D'un autre côté, M. O... avait pris sa course vers l'ouest, et s'embarquait pour les Etats-Unis à l'instant où son camarade quittait Toulon. Après avoir traversé le golfe du Mexique et franchi les défilés de Tehuantepetl, notre voyageur s'élance sur le grand Océan jusqu'à ce qu'il ait abordé aux îles Philippines ; de là, il vient doubler la presqu'île de Malaca, touche à Ceylan, se dirige sur la mer Rouge, traverse l'Egypte, et s'embarque de nouveau à Alexandrie pour revenir à Marseille.

Enfin, au bout d'un an, nos trois amis se retrouvent à Paris chez M. P... Celui-ci complimente ses camarades sur leur exactitude à revenir au jour indiqué, le jeudi 1er mai 1856. A ces mots, les deux voyageurs se récrient : M. E..., qui s'excuse d'être en retard d'un jour, prétend qu'on est au vendredi 2 mai ; tandis que M. O..., ayant la certitude, d'après ses notes, d'être arrivé un jour avant l'époque assignée, croit se trouver au mercredi 30 avril. Ainsi, pendant que l'on comptait à Paris jeudi 1er mai, le voyageur E... pensait que ce jeudi avait eu lieu la veille, et le voyageur O... prétendait que ce même jour n'arriverait que le lendemain.

Mais tout s'explique et chacun a raison : en se dirigeant à l'est, le voyageur E... va à la rencontre du soleil et gagne, sur l'heure de Paris, une heure pour chaque arc de 15 degrés de longitude orientale qu'il parcourt ; tandis que le voyageur O..., fuyant à l'opposé du soleil, perd une heure à chaque arc de 15 degrés de longitude occidentale. De telle sorte que le 1er août, trois mois après le départ, nos voyageurs, parvenus l'un dans le golfe du Bengale à 90 degrés de longitude est, l'autre dans le golfe du Mexique à 90 degrés de longitude ouest, comptèrent chacun six heures de différence avec l'heure de Paris. Ainsi, à l'instant où P... entendait sonner midi à Paris, le 1er août, le voyageur E... écrivait sur son journal : 1er août, 6 heures du soir ; tandis que le voyageur O... notait : 1er août, 6 heures du matin.

Trois mois plus tard, le 1er novembre, les deux voyageurs arrivèrent en même temps au méridien inférieur de Paris, c'est-à-dire à 180 degrés de longitude dans le grand Océan Pacifique ; mais E... avançait de 12 heures sur Paris, pendant que O... était en retard d'une même durée. Ainsi, à l'instant où P... avait à Paris le midi du 1er novembre, le voyageur E... comptait 1er novembre, minuit, et le voyageur O... notait le minuit du 31 octobre.

Nos voyageurs virent ainsi s'augmenter continuellement, en sens contraire, la différence de l'heure de Paris à celle du lieu où ils se trouvaient, et dans la seconde moitié de leur course cette augmentation fut encore de 12 heures, comme dans la première moitié. En conséquence, le voyageur E... avait compté 24 heures ou un jour de plus que le Parisien sédentaire, et le voyageur O... un jour de moins ; d'où la semaine des trois jeudis.

EXERCICES.

1. Comment prouve-t-on que la terre est ronde ?

2. Donner les diverses significations du mot horizon.

3. Definir l'équateur, les méridiens et les parallèles terrestres.

4. Indiquer toutes les acceptions du mot *écliptique*, et en faire comprendre exactement la valeur.

5. Définir la longitude et la latitude.

6. Calculer la longueur, en kilomètres, d'un degré de longitude et d'un degré de latitude pour Paris, au moyen du tableau nº 55.

7. Quels sont les pays divers pour lesquels un même cadran solaire peut servir ?

8. Deux voyageurs placés sous le même méridien, l'un à Paris,

l'autre en Algérie, partent au même instant et se dirigent vers l'est avec des vitesses égales ; on demande si ces deux personnes compteront toujours la même heure comme au début du voyage.

9. A quelle condition doit satisfaire la position d'un astre pour qu'il soit circompolaire dans un lieu donné ?

10. Comment se fait-il que l'année sidérale soit plus longue que l'année solaire, tandis que le jour sidéral est plus court que le jour solaire ?

11. Quelle différence existe-t-il aujourd'hui entre les dates comptées d'après le calendrier julien et celles que donne le calendrier grégorien ?

12. Que deviendra la différence des dates, entre l'ancien et le nouveau style, au xxxvie siècle de l'ère chrétienne ?

13. Qu'entend-on par l'équation du temps ?

14. Tous les pays situés sous le même demi-méridien comptent midi au même instant, ainsi que toutes les heures de la journée ; s'ensuit-il que les jours et les nuits aient une égale durée pour ces pays divers ?

15. Quelle heure compte-t-on à Calcutta lorsqu'il est midi à Paris ?

16. Quels sont les pays pour lesquels le soleil se lève quand il est midi à Rome ?

17. Qu'est-ce que la précession des équinoxes ?

18. Quelle influence exerce la précession des équinoxes sur la position des signes et des constellations du zodiaque ?

LIVRE IV.

DE LA LUNE.

§ Ier. NOTIONS GÉNÉRALES.

Sommaire. — Phases de la lune. — Syzygies et quadratures. — Lumière cendrée. — Rayon et volume de la lune. — Sa distance à la terre.

85. Phases de la lune. Après le soleil, la lune est l'astre qui nous intéresse le plus. La course rapide de la lune, sa douce clarté, son croissant, ses disparitions et ses réapparitions périodiques, tout excite la curiosité et provoque les recherches.

On désigne par le mot de *phases* les aspects divers sous lesquels la lune apparaît dans sa course mensuelle.

Fig. 52.

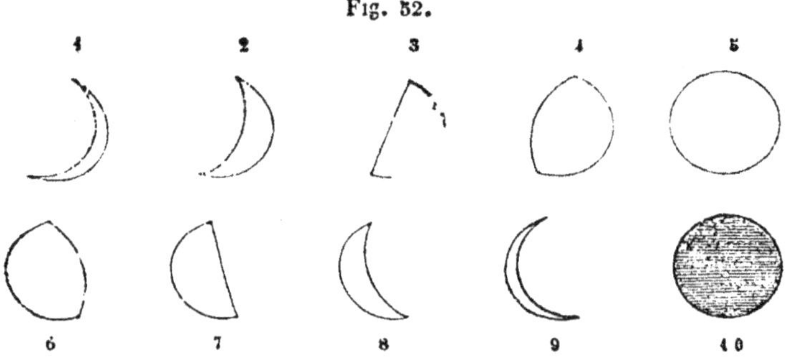

Cet astre s'offre sous l'aspect d'un croissant délié (1) quand nous le voyons le soir près de l'horizon où le soleil vient de se coucher ; on dit alors que la lune est *nouvelle*, parce qu'elle était invisible depuis deux ou trois jours. Ce croissant va s'élargissant peu à peu (2), et au 7ᵉ jour il a la forme d'un demi-cercle lumineux (3). A cette époque, on dit que la lune est à son *premier quartier*. et elle passe par le méridien au coucher du soleil.

Les jours suivants, la lune, continuant à rétrograder vers l'est et à grandir, passe par l'aspect (4) pour atteindre la forme d'un cercle parfait (5) vers le 14ᵉ jour de sa course. En ce moment, la lune est *pleine*, et on la voit surgir à l'orient pendant que le soleil se cache à l'occident.

La lune ensuite se lève de plus en plus tard chaque jour ; son disque se déforme de nouveau en sens contraire, et passe de l'ovale à peine sensible à l'aspect (6), pour redevenir un demi-cercle (7) au 21ᵉ jour, époque du *dernier quartier*.

Enfin le croissant lunaire reparaît (8), s'amincit (9), et cet astre, visible le matin seulement, disparaît bientôt dans le foyer solaire en un disque noir (10).

Le moindre effort d'imagination suffit à conclure des phases de la lune que cet astre est une sphère opaque éclairée par le soleil dont il nous réfléchit la lumière. C'est pour cela que la lune est invisible à l'œil nu quand elle se trouve du côté du soleil ; qu'à l'opposite elle nous présente en entier son disque lumineux, et que dans les positions intermédiaires son croissant tourne toujours sa convexité vers l'astre du jour.

La figure 53 rend compte de toutes ces apparences. Soit T notre station sur terre, d'où nous suivons la course mensuelle de la lune ABCD..., et admettons que les rayons solaires arrivent suivant la direction des flèches M, N : quand la lune est en A, entre la terre et le soleil, son cercle d'illumination *ab*, perpendiculaire à notre rayon visuel TA, est tourné vers l'astre radieux, et nous ne pouvons la distinguer à l'œil nu, puisqu'elle ne nous présente que son hémisphère obscur. A ce point commence la *nouvelle lune*.

Quelques jours après, la lune arrivée en B nous montre une partie de son hémisphère éclairé, dont *cd* est la limite, et nous voyons un croissant qui grandit peu à peu.

Fig. 53.

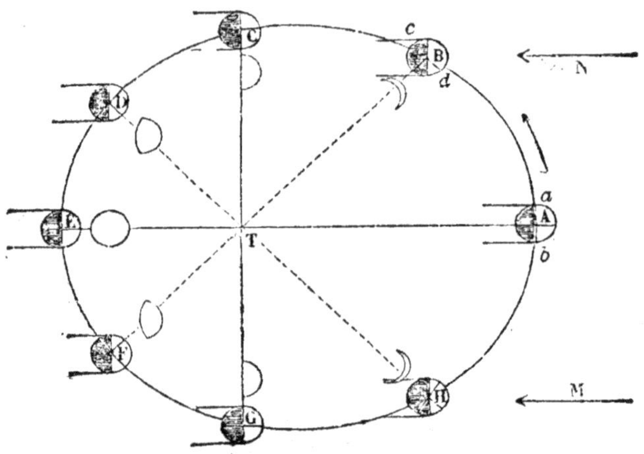

Au quart de la course, en C, la limite du cercle d'illumination de la lune sera dans la direction du rayon visuel TC, et nous verrons la moitié de l'hémisphère éclairée. Ce sera le *premier quartier*.

Plus tard, la lune passant par D arrivera en E à l'opposé du soleil, et nous présentera en entier la partie éclairée de sa surface, ou la *pleine lune*.

Enfin, dans la seconde moitié de sa course EFG...., la lune reproduira les mêmes phases en sens inverse.

Le point A où la lune est en *conjonction* avec le soleil, et le point E où elle se trouve en *opposition*, sont nommés les *syzygies* de cet astre ; les points C et G, situés à angles droits avec les précédents, s'appellent les *quadratures*.

La période des phases lunaires a une durée de 29 jours ¼, et porte le nom de *mois lunaire* ou *lunaison*.

86. **Lumière cendrée.** On nomme ainsi cette teinte

légère (*fig.* 54) que nous offre quelquefois l'hémisphère de la lune opposé au soleil. Cette lumière cendrée est due à la clarté que produisent sur cette partie les rayons solaires ré-fléchis par la terre à travers l'espace.

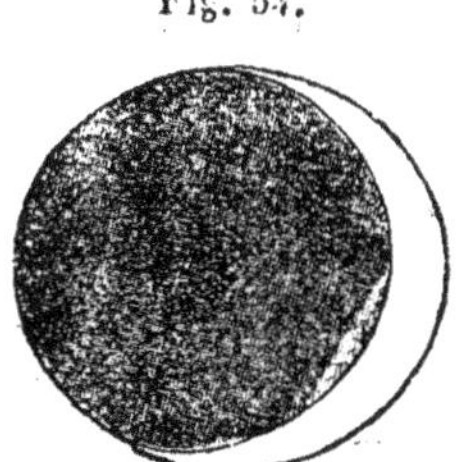

Fig. 54.

87. Rayon et volume de la lune. Le diamètre apparent de la lune, peu différent de celui du soleil et variable aussi, a une valeur moyenne de 31′ 32″, ou de 1892 secondes.

Mais pour trouver sa distance et son volume, il faut avoir recours à sa *parallaxe*, c'est-à-dire à l'angle sous lequel apparaîtrait le rayon terrestre vu de la lune. Or, les calculs astronomiques ont établi que la parallaxe de la lune est de 57′ 40″; ainsi le double de cette valeur, qui vaut 1° 55′ 20″, ou bien 6920 secondes, est le diamètre apparent que trouverait à la terre un spectateur placé sur la lune.

En appelant donc R le rayon de la terre et r le rayon de la lune, et remarquant que les diamètres réels sont proportionnels aux diamètres apparents, pour des distances égales, on aura la relation

$$\frac{R}{r} = \frac{6920}{1892} = \frac{11}{3}, \text{ d'où } r = \frac{3}{11} R.$$

Ainsi, le rayon de la lune a une longueur égale aux 3/11 de celle du rayon terrestre, et comme (n° 54) R = 6366 kilomètres, on a le rayon lunaire r = 1736 kilomètres.

Au moyen de cette donnée, on trouvera que la surface de la sphère de la lune est le 13ᵉ de la surface terrestre, et que son volume équivaut au 49ᵉ de celui de notre globe.

88. Distance de la lune à la terre. Nous obtiendrons cette distance par un calcul analogue à celui du n° 57, en divisant le nombre 206265 par la parallaxe de la lune 57′ 40″, traduite en secondes, ou par

3460″. Or, le quotient de ces deux nombres est 60 à très-peu près ; donc la distance moyenne de la terre à la lune vaut 60 fois la longueur du rayon terrestre, ou bien 60 × 6366 = 381960 kilomètres.

Cette distance n'est que la 400ᵉ partie de celle de la terre au soleil (no 57).

Remarquons, en outre, que le rayon du soleil, égal à 112R, est presque le double de la distance de la terre à la lune.

§ II. MOUVEMENTS RÉELS DE LA LUNE.

Sommaire. — La lune est le satellite de la terre. — Orbite de la lune. — Ses nœuds et leur rétrogradation. — Coordonnées lunaires. — Révolution sidérale et synodique. — Rotation de la lune sur son axe. — Libration.

89. Orbite lunaire. La lune, ainsi que tous les astres, participe au mouvement apparent de la sphère céleste ; mais elle possède, en outre, un mouvement propre en sens contraire. Son déplacement vers l'est ne peut pas être dû, comme celui du soleil, à la translation de la terre dans l'espace, puisqu'il est 13 fois plus rapide ; car l'astre des nuits parcourt le zodiaque dans 29 jours et demi : la lune a donc un mouvement propre à travers l'espace.

Si la lune n'est pas immobile, comme le soleil, il faut savoir autour de quel centre elle exécute son mouvement. Est-ce l'astre du jour ? Non, car la lune ne passe jamais au-delà du soleil par rapport à nous. D'ailleurs, les faibles variations que subit le diamètre apparent de la lune prouvent que cet astre demeure presque à la même distance de la terre, pendant toute sa lunaison : donc la terre est le centre de mouvement de la lune ; et, en vertu de la gravitation universelle, cet astre tourne autour du centre terrestre, conformément aux lois de Kepler (no 62).

Pour indiquer le fait, on dit que la lune est le *satel-*
lite de la terre.

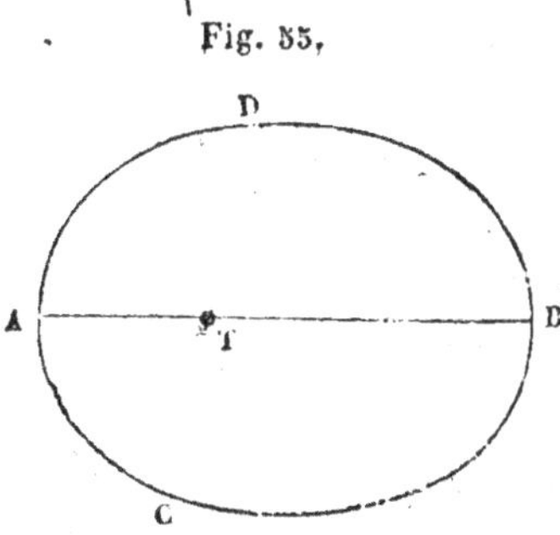

Fig. 55.

L'observation et le cal-
cul établissent que la courbe élliptique ACBD (*fig.* 55)
que trace le centre de la
lune autour du centre T de
la terre, ou l'*orbite lunai-*
re, est plus excentrique que
celle de la terre autour du
soleil. Le rayon vecteur de
notre satellite a pour valeur minimum TA $=$ 56R
et pour maximum TB $=$ 64R, ce qui donne pour la
distance moyenne de la terre à la lune 60R, comme
nous l'avons trouvé précédemment.

Périgée, apogée. Le sommet A de l'orbite lunaire le
plus rapproché de la terre porte le nom de *périgée*, le
sommet le plus éloigné B est dit l'*apogée*. Le grand axe
AB s'appelle la *ligne* des *apsides*.

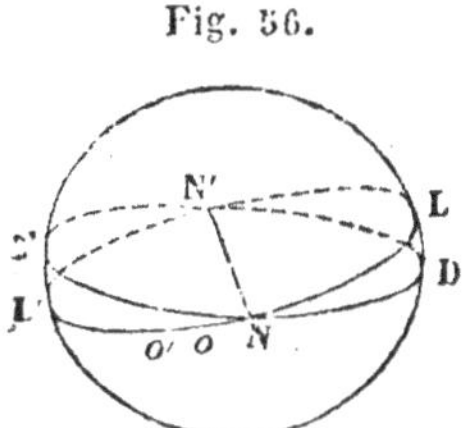

Fig. 56.

Nœuds de la lune. L'orbite de
la lune LL′ (*fig.* 56) coupe le plan
de l'écliptique CD sous un angle de
5° 9′. Les deux points d'intersection
N, N′ sont appelés les *nœuds* de la
lune ou de son orbite. Le point N,
par où passe la lune quand elle entre dans l'hémisphère boréal, est dit
le *nœud ascendant*, l'autre N′ est le *nœud descendant*.

Les nœuds de la lune, analogues aux points équinoxiaux de l'orbite terrestre, sont soumis, comme eux,
à une rétrogradation vers l'ouest o, o′, etc., mais excessivement plus rapide; car ces points N, N′ font le
tour de l'orbite lunaire en 18 ans $\frac{2}{3}$.

90. Coordonnées lunaires. La position de la lune
dans l'espace peut être fixée, comme les autres astres,
au moyen des ascensions droites et des déclinaisons

rapportées à l'équateur ; mais on a trouvé plus commode de rapporter notre satellite à l'écliptique, en prenant toujours pour origine l'équinoxe de printemps. A cet effet, on nomme *longitudes* de la lune les distances angulaires comptées sur l'écliptique de zéro à 360° et en allant vers l'est ; on appelle *latitudes* lunaires les arcs de méridien compris entre l'écliptique et le centre de la lune. Ces latitudes ne peuvent varier que de zéro à 5° 9′, inclinaison de l'orbite lunaire.

91. Révolution sidérale et synodique de la lune. L'orbite de la lune n'est pas, en réalité, l'ellipse simple de la figure 53, laquelle suppose la terre en repos. Notre satellite, obligé qu'il est de suivre la translation de la terre autour du soleil pendant qu'il circule autour de nous, décrit dans l'espace une courbe compliquée. Quoi qu'il en soit, ce double mouvement se résume pour nous en deux sortes de révolutions mensuelles qu'il faut bien distinguer :

1° *La révolution sidérale de la lune* est le temps qu'elle emploie pour exécuter un tour complet autour de la terre ; on l'appelle ainsi, parce qu'on la constate par deux conjonctions de la lune avec une même étoile. La durée de cette révolution sidérale est de 27j,32166 en temps moyen, ou bien de 27 jours 7 heures 43 minutes 11 secondes ½.

La vitesse de translation de la lune autour de nous, de l'occident à l'orient, a donc une valeur angulaire de

$$\frac{360}{27,32166} = 13° \, 10' \, 34'',89 \text{ par jour},$$ ce qui explique le retard considérable qu'éprouve journellement le lever de cet astre ; et cette valeur, traduite en vitesse linéaire, correspond à un peu plus d'un kilomètre par seconde.

2° *La révolution synodique* de la lune est le temps écoulé entre deux conjonctions consécutives de cet astre avec le soleil ; c'est la période des phases mensuelles que nous avons dit être de 29j,5306 ou de 29 jours 12 heures 4 minutes 24 secondes.

Cette durée est beaucoup plus longue que la précédente, parce que la lune, pour revenir en conjonction avec le soleil, doit avoir fait un tour entier autour de la terre, plus une portion de tour correspondante au déplacement que la terre a éprouvé sur son orbite, dans l'intervalle.

92. Rotation de la lune sur son axe. On a constaté que le globe de la lune tourne sur un axe perpendiculaire au plan de son orbite dans le même temps de 27 jours ⅓ qu'il emploie pour exécuter sa révolution sidérale. La preuve de ce mouvement de rotation résulte de ce fait que la lune nous présente constamment la même face, ainsi qu'on le reconnaît par l'observation.

On remarque, en effet, que les taches et les points brillants qui recouvrent la surface de la lune demeurent invariablement les mêmes et restent à une distance fixe des bords du disque. Mais si la tache a

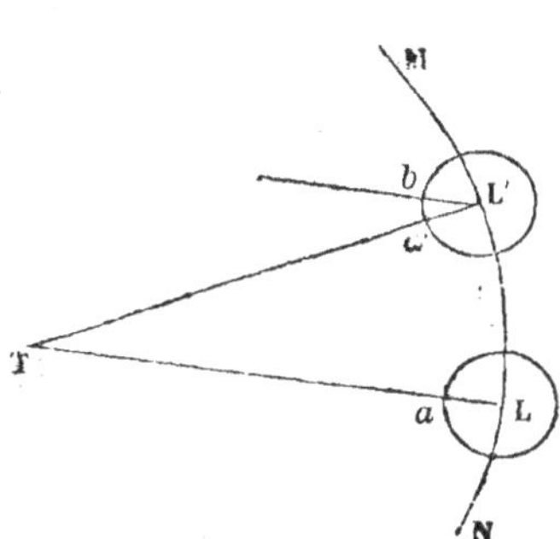

Fig. 57.

(*fig.* 57), que nous voyons au centre du disque quand la lune est en L, occupe encore le centre a' quand la lune se sera transportée en L', il faudra nécessairement que, pendant la translation de L en L', notre satellite ait tourné sur lui-même d'un angle $bL'a'$ égal à l'angle LTL', sans quoi le rayon La aurait en L' la position L'b, et la même tache serait vue en b.

La lune éprouve donc une rotation sur son axe, isochrone avec son mouvement de translation.

On trouve un exemple de ces deux mouvements simultanés dans une personne qui parcourt la circonférence d'un cercle en présentant sans cesse la même épaule au centre : elle ne peut se maintenir dans cette position, à mesure qu'elle avance, qu'en imprimant à son corps une torsion dans le même sens, qui lui fasse exécuter un tour entier sur son axe pendant qu'elle en fait un sur le cercle. La preuve, c'est que, dans cette évolution, la personne se trouvera successivement en face de tous les points de l'horizon, comme si elle avait fait une pirouette au centre du cercle.

Le mouvement de rotation de la lune est très-lent en comparaison de celui de la terre. Le calcul indique que la vitesse de rotation à l'équateur lunaire n'est que de 15 kilomètres par heure. C'est la vitesse d'un cheval au trot.

93. Libration. Il n'est pas rigoureusement vrai que la lune présente invariablement le même hémisphère à la terre ; les lunettes permettent d'observer que les limites de cet hémisphère subissent, à chaque révolution, de faibles déplacements alternatifs dans le sens des pôles ainsi que suivant l'équateur. Par suite de ces modifications, l'astre semble soumis à une sorte de balancement qui s'opérerait successivement du nord au sud et de l'est à l'ouest, et qu'on a nommé *libration*. On distingue ainsi les librations en latitude et les librations en longitude.

Les librations en latitude tiennent à ce que l'axe de rotation de la lune n'est pas tout à fait perpendiculaire au plan de son orbite, et qu'alors les deux pôles de notre satellite ne sont visibles que l'un après l'autre : le pôle nord pendant une moitié de la course, le pôle sud pendant l'autre moitié.

Les librations en longitude dépendent d'une petite différence dans les vitesses de rotation et de translation de la lune, provenant de ce que la rotation est uniforme, tandis que la translation varie dans certaines limites, à cause du principe des aires. Les avances et les retards alternatifs de ces deux mouvements l'un sur l'autre nous permettent de voir un peu au delà des bords du disque lunaire, vers l'orient ou l'occident.

§ III. DES ÉCLIPSES.

Sommaire. — Eclipses de lune. — Eclipses de soleil. — Considérations sur les éclipses.

94. On nomme *éclipses* les osbcurcissements temporaires qu'éprouvent parfois les disques du soleil et de la lune.

Le phénomène intéressant des éclipses est facile à comprendre : la terre et la lune, dans leur évolution simultanée autour du soleil, exécutent une sorte de valse, et peuvent se dérober tour à tour la clarté de l'astre radieux, selon les circonstances. Il y a éclipse de soleil quand la lune, dans ses conjonctions, nous cache la vue du soleil en tout ou en partie; l'éclipse de lune se produit dans les oppositions, quand ce satellite vient traverser l'ombre de la terre. Les éclipses sont *partielles* ou *totales.*

Les éclipses partielles se manifestent par des échancrures à bords circulaires, qui confirment la sphéricité de la lune et de la terre.

95. Eclipses de lune. Supposons que le cercle SCD (*fig.* 58) repré sente le globe du soleil, et TAB celui de la terre. Les rayons lumi neux dirigés vers la terre sont ar rêtés par ce corps opaque, et i se produit sur leur prolongemen un cône d'ombre APB limité pa les rayons extrêmes CA, DB. L longueur TP de cette ombre est facile à calculer par les triangles semblables PTA, PSC, dans lesquels

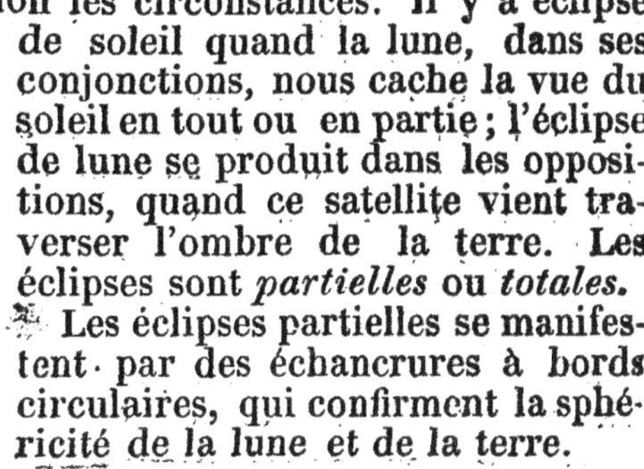
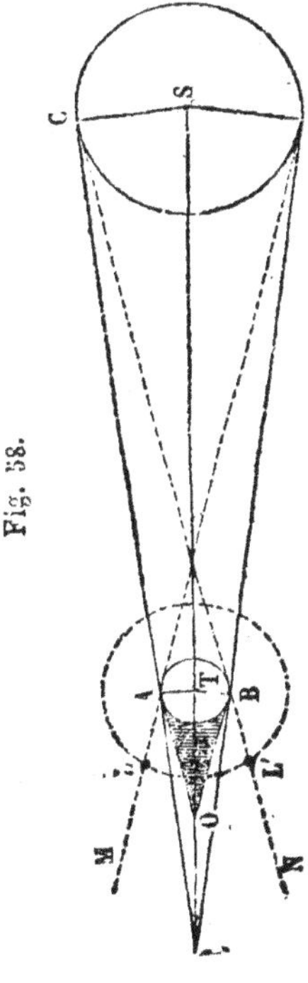

Fig. 58.

on connaît TA, SC, TS. On trouve qu'elle vaut en moyenne 216 fois le rayon de la terre, ou 216 R.

Nous savons, d'un autre côté, que l'orbite LL' que décrit la lune autour de la terre, n'a pour longueur moyenne de son rayon vecteur que 60 R ; ainsi notre satellite traverserait infailliblement le cône d'ombre de la terre, à chaque révolution, si le plan de l'orbite lunaire était confondu avec celui de l'écliptique, comme il y paraît sur la figure, et le phénomène des éclipses se reproduirait à toutes les lunaisons ; mais l'angle de 5° 9' que font ces deux plans diminue singulièrement les chances.

L'éclipse de lune ne peut avoir lieu qu'au moment de l'opposition, c'est-à-dire des pleines lunes ; mais pour qu'elle se produise inévitablement, il faut que cette opposition s'opère près des nœuds de l'orbite lunaire, afin que la distance de notre satellite au plan de l'orbite terrestre soit moindre que l'épaisseur du cône d'ombre APB. Le calcul prouve, en effet, que la lune ne peut être éclipsée que si la distance angulaire du centre de cet astre au plan de l'écliptique, ou à l'axe TP du cône d'ombre, est inférieure à un degré. Pour une plus grande latitude, la lune passe au-dessus ou au-dessous de l'ombre terrestre, et ne s'éclipse pas.

Les éclipses de lune sont *totales* ou *partielles*, selon que le globe de cet astre s'immergera en entier ou en partie dans l'ombre de la terre. Une même éclipse commence et finit au même instant pour tous les lieux de la terre qui sont à portée d'en être témoins.

On remarque que la lune s'assombrit bien avant qu'une éclipse commence, et qu'elle reste sombre quelque temps après ; qu'enfin cet astre ne cesse jamais d'être visible, même pendant les éclipses totales. C'est que la partie du cône d'ombre APB, où s'opèrent les éclipses, n'est pas d'une obscurité absolue, et qu'en outre, ce cône est entouré d'une pénombre MLL'N que la lune doit franchir d'abord.

96. Eclipses de soleil. Les éclipses de soleil ont lieu aux nouvelles lunes, quand notre satellite L (*fig.* 59), opère ses conjonctions assez près de ses nœuds pour que son disque cache à la terre TMN une partie du disque solaire SC. Les éclipses de soleil sont *partielles, totales* ou *annulaires*. L'appréciation des circonstances qui déterminent ces diverses éclipses demande quelque attention.

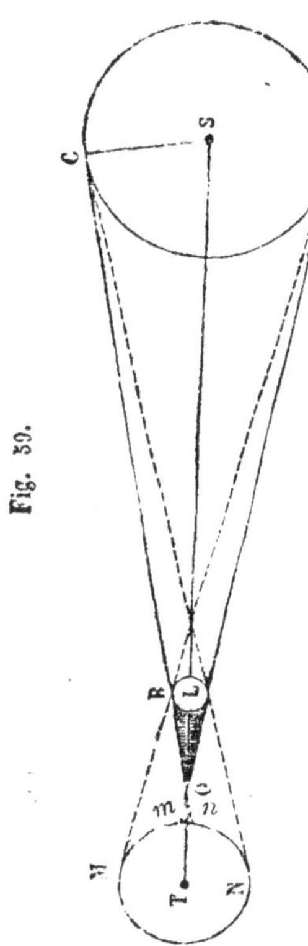

La longueur du cône d'ombre LO, que la lune projette derrière elle, est variable comme les distances de la lune à la terre et de la terre au soleil. Le calcul indique que cette longueur varie entre 57 R et 59 R (R étant le rayon terrestre), et qu'ainsi elle est comprise entre les distances minimum et maximum de la lune à la terre ; car on sait que la distance périgée est 56 R, et la distance apogée 64 R (n° 89). Le cône d'ombre lunaire LO pourra donc atteindre ou n'atteindre pas la terre, selon le cas.

Quand la nouvelle lune aura lieu vers l'apogée et assez près des nœuds pour que l'éclipse de soleil se manifeste, le cône d'ombre lunaire n'aboutira pas sur la terre, puisque LO ne vaudra au plus que 59 R, tandis qu'alors LT = 64 R. Néanmoins, il y aura *éclipse partielle* de soleil pour certaines régions de notre globe ; car la lune cachera une partie du disque solaire aux habitants compris dans la pénombre MN. Bien plus, si la lune en ce moment est à son nœud même, ou assez près de ce nœud pour que les prolongements des arêtes extrêmes du cône d'ombre rencontrent la surface terrestre en *m, n*, tous les spectateurs placés dans cette petite zone *mn* jouiront du spectacle rare d'une *éclipse de soleil annulaire.* En effet, le globe de la lune se projettera pour eux vers le centre du soleil, et le disque de l'astre du jour ne sera plus qu'un anneau lumineux pour un instant.

Au contraire, si la nouvelle lune, arrivant près des nœuds, est en même temps au périgée, alors que sa distance à la terre LT (*fig.* 60) n'est que 56R, le cône d'ombre lunaire recouvrira une partie de la surface terrestre, car il aura une longueur égale au moins

Fig. 60.

à 57R ; et, pour tous les habitans de cette zone *ad*, il y aura *éclipse totale de soleil*, pendant que les spectateurs placés dans les zones *d*M, *a*N n'auront qu'une éclipse partielle.

Une éclipse totale de soleil ne peut durer que quelques minutes dans les circonstances les plus favorables, à cause de la course rapide de la lune et du peu de différence entre son diamètre apparent et celui du soleil.

Une éclipse de soleil n'est pas visible au même instant pour tous les spectateurs placés sur la zone qui doit en être témoin, mais successivement, parce que le cône d'ombre parcourt cette zone, à mesure que la lune avance dans sa course, à la manière de l'ombre des nuages qui passent sur nos têtes.

97. Observations. Le phénomène des éclipses est assez rare, et on en comprend la raison ; le calcul indique qu'il doit se produire au moins deux fois par an, et au plus sept fois. Souvent on observe quatre éclipses de lune et deux de soleil.

Mais un fait singulier, c'est que les éclipses de soleil sont plus nombreuses que les éclipses de lune, pour l'ensemble du globe ; tandis que l'on voit néanmoins plus d'éclipses de lune que de soleil dans une même localité. Ce fait tient à ce que les éclipses de lune sont vues de tout un hémisphère terrestre, et que celles de soleil n'occupent que des zones très-étroites.

§ IV. PÉRIODES ASTRONOMIQUES.

Sommaire. Épacte. — Nombre d'or. — Saros. — Cycle solaire.
— Indiction romaine. — Lettre dominicale. — Période julienne.
— Fêtes mobiles. — Calendrier lunaire.

98. Age de la lune. On nomme ainsi, à chaque lunaison, le nombre de jours écoulés depuis celui de la nouvelle lune. Ce nombre est compté de 1 à 30 à partir de midi.

99. Epacte. On désigne sous le nom d'*épacte*, chaque année, l'âge que se trouve avoir la lune au premier janvier de cette année.

La différence des douze mois solaires aux douze mois lunaires est de 11 jours par an ; car douze lunaisons font 354 jours, tandis que l'année commune contient 365 jours. Ainsi le nombre marquant l'épacte annuelle augmenterait de 11 unités chaque année s'il n'y en avait pas de bissextile. D'ailleurs, l'épacte ne peut compter que de 1 à 30, comme l'âge de la lune, parce que 30 jours comprennent une lunaison.

L'épacte sert à calculer approximativement l'âge de la lune à un jour donné, de la manière suivante :

Si l'opération a lieu postérieurement à la fin de février, on prend l'épacte de l'année, on y ajoute le quantième du mois courant plus le nombre des mois écoulés depuis le 1er mars, et la somme diminuée de 30, s'il y a lieu, est l'âge de la lune. Dans les années bissextiles, il faudra ajouter un jour de plus à l'âge trouvé.

Si l'on opère entre le 1er janvier et le 1er mars, on modifie ce calcul en comptant les mois depuis le 1er janvier seulement.

100. Nombre d'or, ou *cycle de Méton*, ou bien *cycle lunaire*. Le nombre d'or est une période de 19 ans, après laquelle les phases lunaires se reproduisent aux mêmes dates ; de sorte qu'il suffit d'avoir noté l'époque des nouvelles et des pleines lunes pendant 19 années consécutives pour prédire indéfiniment leur retour périodique.

Les anciens réglaient leurs fêtes publiques sur les phases de la lune, et ces solennités changeaient de date d'une année à l'autre, comme les phases, à cause de l'excès de 11 jours dont l'année tropique surpasse 12 lunaisons. L'athénien Méton fut le premier à remarquer que 19 années équivalent exactement à 235 lunaisons, et qu'ainsi l'observation de 19 années consécutives suffisait à calculer pour toujours les nouvelles et les pleines lunes. Les Grecs, enthousiasmés, firent graver en lettres d'or la découverte de Méton sur leurs monuments ; de là les dénominations précédentes.

101. Saros. Les Chaldéens nommèrent *saros* une période de 18 ans 11 jours, après laquelle les éclipses se reproduisent dans le même ordre. Ce fait résulte de ce que la rétrogradation des nœuds de la lune amène le même nœud en opposition ou en conjonction avec le soleil tous les 18 ans 11 jours. La prédiction des éclipses de lune est donc facile au moyen de ce nombre ; mais celles de soleil exigent, en outre, la détermination des lieux où elles seront visibles.

Pendant chaque période de 18 ans 11 jours, il se produit 70 éclipses, dont 29 de lune et 41 de soleil ; ces dernières visibles tantôt ici, tantôt là.

102. Cycle solaire. La dénomination de cycle solaire indique une période de 28 ans, après laquelle les jours de la semaine se retrouvent aux mêmes dates des mois civils. Voici son origine :

Une année commune de 365 jours renferme 52 semaines plus un jour, et ce jour est cause que les dates de l'année prochaine ne correspondront pas aux mêmes jours de la semaine que cette année. Ainsi, par exemple, si le 1er janvier est un dimanche en 1860, ce sera un lundi en 1861 ; mais, au bout de sept ans, la correspondance se rétablirait, s'il n'y avait pas d'années bissextiles ; car on aurait gagné une semaine entière. Pour annuler cette seconde perturbation, il n'y a donc qu'à prendre un délai qui contienne sept années bissextiles, c'est à-dire 28 ans.

Cet intervalle, en effet, composé de 21 fois 365 jours et de 7 fois 366 jours, ou 10227 jours en tout, renferme exactement 1461 semaines complètes. Ainsi la période de 28 ans fera revenir les mêmes dates aux jours de même nom dans chaque semaine.

103. Indiction romaine. Le cycle d'indiction romaine est une période de 15 ans, tout à fait étrangère au cours des astres. On prétend que Constantin l'introduisit pour faire perdre l'usage païen de compter par olympiades. L'indiction romaine a commencé le 1er janvier 313 de l'ère chrétienne.

104. Lettre dominicale. On trouve dans les calendriers certaines lettres de l'alphabet à côté des jours de la semaine. Or, la *lettre dominicale* est celle qui marque le dimanche pendant toute une année.

On fait usage à cet effet des sept premières lettres, A, B, C, D, E, F, G, et l'on convient d'affecter, invariablement chaque année, de la lettre A le 1er janvier, de B le 2 janvier, de C, D, E, F, G les 3, 4, 5, 6 et 7 janvier. Ensuite on recommence de placer A devant le 8 janvier, B devant le 9, et ainsi de suite jusqu'au 31 décembre.

Par ce moyen, la lettre dominicale de la première série de 7 jours marque tous les dimanches de l'année, mais elle change l'année suivante. Dans les années bissextiles, cette lettre change encore après le 29 février, et l'on a alors deux lettres dominicales dans l'année.

105. Période julienne, ou *cycle chronologique de Scaliger*. Cette période imaginaire est de 7980 ans, nombre composé du produit des trois facteurs 19, 28, 15, qui marquent le cycle lunaire, le cycle solaire et l'indiction romaine. Les chronologistes ont adopté cette période, parce qu'elle leur offre de précieuses ressources ponr vérifier les dates, attendu que les trois facteurs employés étant premiers entre eux, il ne peut pas se rencontrer, dans cette longue durée, deux anneés qui comptent le même numéro à la fois pour les trois cycles indiqués.

On fait remonter l'origine de la période julienne à l'an 4713 avant Jésus-Christ, par la raison qu'à cette année les trois cycles précédents auraient compté ensemble le n° 1.

106. Fêtes mobiles. Le jour de Pâques et les autres fêtes mobiles dépendent des phases de la lune. Pour fixer le monde chrétien, le concile de Nicée, tenu l'an 325, décida que l'on célébrerait les fêtes de Pâques, chaque année, le dimanche qui suit immédiatement la première pleine lune qui arrive à dater du 21 mars. Cette décision peut donc faire varier le jour de Pâques du 22 mars au 25 avril; et, par suite, les fêtes subséquentes subissent la même variation.

107: Calendrier lunaire, ou *cycle musulman*. Dans les premiers âges, les peuples pasteurs réglèrent le temps sur le cours de la lune, et c'est de là qu'est venue la subdivision en mois et semaines, qu'on a conservée dans l'année solaire.

Malgré son imperfection, le calendrier lunaire est encore en usage de nos jours chez les Mahométans, Turcs et Arabes. Pour eux, l'année ne se compose que de 12 mois lunaires, ou de 354 jours; et, pour éviter la fraction qu'introduirait chaque lunaison de 29 jours ½, ils comptent alternativement un mois de 30 jours et un mois de 29 jours entiers.

Mais ici, comme pour notre calendrier, il fallut avoir recours à une correction; car la lunaison n'est pas de 29j ½ exactement, puisqu'elle vaut 29j,53059. Cette différence en plus donne 11 jours dans l'accumulation de 30 années, et, pour la combler, les Mahométans ajoutent un jour à leur dernier mois de 29 jours pendant 11 fois sur 30 ans.

Cette période de 30 années est dite le *cycle musulman*.

D'après ce compte, 100 années musulmanes valent 97 années solaires.

L'ère des Mahométans, nommée *hégire*, a commencé le 16 juillet 622 après Jésus-Christ ; mais ce premier jour de l'an change chaque année.

§ V. CONSTITUTION PHYSIQUE DE LA LUNE.

108. La lune est assez près de nous pour que le premier amateur, muni d'une lunette médiocre, puisse prendre connaissance de l'état physique de cet astre. On y voit distinctement des montagnes élevées, des plaines, des cavités profondes, des déchirures, des pics, des fentes, etc. ; mais les plus puissants télescopes n'ont pu y faire découvrir rien qui annonce l'existence d'un règne végétal ou animal quelconque. La lune est un globe aride et mort, dont la configuration rugueuse ne subit pas le moindre changement.

Tout prouve, en outre, qu'il n'y a point d'air ni d'enveloppe gazeuse autour de la lune. En effet, ses bords ne manifestent nullement le phénomène de la réfraction, et les limites du cercle d'illumination sont si nettes et si tranchées que le jour et la nuit se succèdent subitement sur cet astre, sans transition crépusculaire. Il n'existe pas non plus de mers ni de rivières sur notre satellite ; car cette eau produirait des vapeurs et des couches nuageuses qui troubleraient accidentellement l'aspect de la surface. Or, l'observation journalière démontre que l'éclat du disque lunaire est d'une invariabilité absolue.

Ces faits excluent donc l'existence sur la lune d'êtres vivants, tels du moins qu'il nous est donné de comprendre la vie.

La surface de la lune (*fig.* 61) est parsemée de points brillants qui ne sont autres que les pics, les crêtes, les sommets des montagnes lunaires, lesquelles sont comparativement bien plus élevées que les nôtres. Ces teintes grisâtres, qui se montrent constamment à l'œil nu, sont les plaines, les vallées et les ombres des éminences les plus saillantes.

Fig. 61.

Les montagnes de la lune, que les télescopes nous permettent d'explorer avec soin et de mesurer, ont presque toutes une forme circulaire qui rappelle de vastes cratères de volcans éteints (*fig.* 62). On y distingue une enceinte à bords déclives circonscrivant une cavité d'où

Fig. 62.

s'élève un piton isolé. On a calculé la largueur des cirques principaux, et on en a trouvé de 80 à 90 kilomètres de diamètre. Notre satellite a donc été bouleversé par de nombreuses éruptions volcaniques.

Pour l'intelligence de la géographie lunaire, on a donné des noms historiques aux sommets les plus saillants, tels que Tycho, Newton, Archimède, Pythéas, etc.

§ VI. DES MARÉES.

109. L'action combinée de la lune et du soleil sur la terre occasionne ces oscillations périodiques en vertu desquelles les eaux des mers s'élèvent et s'abaissent alternativement deux fois par jour, et qu'on a désignées sous le nom de *marées*. Le mouvement ascendant est nommé le *flux*, et le courant descendant qui lui succède six heures après est le *reflux*.

Il est facile de se convaincre que le phénomène des marées est dû à l'attraction du soleil et surtout de la lune, dont l'influence est de beaucoup prépondérante, à cause de sa proximité.

Le flux et le reflux se produisent successivement sous les divers méridiens, de l'orient à l'occident, et retardent chaque jour d'une durée égale au retard qu'éprouve le passage de la lune par le méridien. L'amplitude des marées, ou la différence de niveau entre la *haute* et la *basse* mer, ont un rapport direct avec les phases de la lune, ainsi qu'avec les positions relatives que la terre et la lune occupent sur leurs orbites.

Ainsi, les plus fortes marées ont lieu chaque mois aux syzygies, parce que l'action du soleil et de la lune s'ajoutent, tandis qu'aux quadratures, où les deux astres agissent en sens contraire, on a les plus faibles marées. De même, les plus grandes marées de l'année se produisent aux équinoxes, quand elles concordent avec les nouvelles ou les pleines lunes.

Pour apprécier les marées, on a calculé théoriquement l'effet que produirait l'attraction lunaire sur le globe terrestre, s'il était homogène, exactement sphérique et recouvert en entier par l'eau des mers, et l'on a trouvé que la surface de ce globe ADBE (*fig.* 63) se déformerait et deviendrait un ellipsoïde *adbe*, dont le grand axe *ab*, constamment dirigé vers la lune, suivrait la rotation apparente de cet astre, ou bien la rotation diurne du firmament. Cet ellipsoïde, d'ailleurs, serait peu excentrique; car le rayon T*a* ne surpasserait le rayon TA que d'un mètre en moyenne.

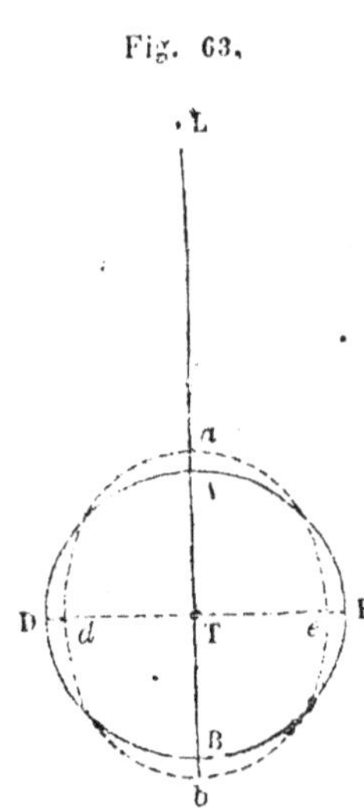

Fig. 63.

Mais on voit la réalité s'écarter beaucoup de la théorie quand on étudie les marées sur notre globe tel qu'il est. Les continents et les îles, insensibles à l'action des astres, modifient, en outre, de mille manières le flux et le reflux, selon les localités. L'eau, en coulant, ne se déplace pas avec la promptitude et la facilité d'une surface élastique qu'on presserait alternativement dans un sens et dans l'autre, et la vitesse acquise ne permet pas aux flots de changer brusquement de direction. Aussi le moment de la haute mer, variable d'un lieu à l'autre, est toujours en retard de beaucoup sur le passage de la lune au méridien du lieu.

Ces considérations expliquent les différences prodigieuses qu'on remarque, dans les divers ports de mer, entre les hauteurs qu'atteignent les marées et les heures où elles se manifestent. Le flux doit s'élever moins sur une plage unie que dans un détroit à bords escarpés. Il arrivera plutôt sur une presqu'île avancée qu'à l'extrémité d'une baie profonde, bien que les deux points se trouvent sous le même méridien.

On sait, par exemple, que sur les côtes de l'Océan, vers le milieu de la France, la haute mer, dans les grandes marées, n'atteint qu'a 2 ou 3 mètres au-dessus du niveau moyen, tandis que dans la Manche, à Granville, cette hauteur dépasse souvent 6 mètres.

On sait aussi que le retard de la haute mer sur le passage de la lune au méridien est, à Bayonne, de 3 heures ½ ; tandis qu'il est de 6 heures à Saint-Malo, et de 12 heures à Calais.

On appelle *établissement d'un port* le retard habituel, pour ce port, de la haute mer sur le passage de la lune par le méridien du lieu.

Dans l'intérêt des navigateurs, le Bureau des longitudes publie chaque année la hauteur des grandes marées et l'établissement des ports principaux.

§ VII. LA TERRE VUE DE LA LUNE.

110. Il est fort intéressant de se transporter sur la lune, par la pensée, et de se figurer le spectacle dont on y serait témoin.

D'abord la rotation lente de notre satellite sur son axe se traduirait en une révolution en sens contraire de la voûte céleste dans la même durée de 27 ½ de nos jours, laquelle ne serait qu'un jour sidéral pour la lune ; tandis que son jour solaire vaudrait 29 jours ½ et serait composé d'un jour et d'une nuit sans crépuscule.

Mais que ferions-nous sur cette terre aride, sans verdure, sans ombrage, sans compagnon d'aucune espèce ? Nous n'aurions pour tout agrément que la promenade autour des immenses cirques dont nous contemplerions les escarpements et la profondeur ; seulement nous pourrions, à volonté, nous procurer le plaisir de marcher constamment au soleil, ou constamment à l'ombre, avantage qui nous est refusé sur notre planète. Il suffirait en effet de nous diriger toujours à l'est, avec une vitesse de 15 kilomètres à l'heure, pour nous chauffer sans cesse aux rayons du soleil ; ou bien d'aller à l'ouest avec la même vitesse, pour avoir une nuit continue et rester en contemplation du ciel étoilé.

Si nous habitions la lune, nous l'appellerions terre, et le globe terrestre serait notre lune. Ce réverbère nocturne, beaucoup plus beau avec sa surface 13 fois plus grande, nous présenterait des phases magnifiques, analogues à celles de la lune ; mais les *nouvelles lunes* correspondraient aux *pleines terres*, et *vice versâ*. Néanmoins, le disque terrestre n'aurait pas l'éclat, la teinte uniforme que nous présente la lune, à cause de notre atmosphère nuageuse.

Puisque nous ne voyons jamais qu'une seule moitié de la lune, notre terre et ses phases ne sont visibles que du seul hémisphère lunaire qui nous fait face. Les spectateurs placés sur l'hémisphère opposé ne se douteraient donc pas de l'existence du disque terrestre, à moins qu'ils n'eussent exécuté un voyage autour du monde lunaire.

Remarquons, en outre, que l'observateur transporté sur la lune, croirait la terre presque immobile dans l'espace, à cause de l'égalité de durée des deux révolutions lunaires. Si ce spectateur occupait le milieu de l'hémisphère qui nous fait face, il verrait constamment le disque terrestre suspendu sur sa tête; s'il occupait le bord oriental, il apercevrait la terre vers l'horizon occidental, et s'il se trouvait à l'occident, il aurait le disque terrestre à l'orient.

Enfin, pour l'habitant sédentaire de la lune, la terre ne se lèverait ni ne se coucherait jamais; ce disque exécuterait seulement, dans de faibles limites, un mouvement apparent de va et vient, correspondant aux librations lunaires.

Pourtant, l'observateur placé dans ces régions étroites, que les librations en longitudes nous montrent alternativement, verrait le disque terrestre se cacher sous l'horizon lunaire pendant une demi-lunaison, et reparaître ensuite au même point : ce serait une sorte de va et vient de cet astre.

Mais les habitans de la lune observeraient très-bien, du moins, la rotation de notre globe sur son axe, s'ils ne pouvaient pas avoir conscience de son mouvement de translation. La rapidité de cette rotation, comparée à la presque immobilité de la terre sur la sphère céleste, intriguerait beaucoup les astronomes lunaires. Toutefois, ce mouvement parfaitement uniforme serait pour eux un excellent chronomètre, et ils le prendraient sans doute pour leur unité de temps.

Ces notions suffisent pour suggérer au lecteur toutes les réflexions auxquelles il peut s'abandonner en se transportant sur la lune par la pensée.

PROBLÈMES DU LIVRE IV.

PROBLÈME I.

Calculer la longueur d'un degré du méridien lunaire.

On pourrait déduire cette longueur de la valeur connue d'un degré du méridien terrestre, car ces degrés sont dans le rapport des rayons 3 : 11, trouvé au n° 87 ; mais les élèves feront bien de calculer directement la longueur demandée, par la formule $\dfrac{2\pi R}{360}$, dans laquelle le rayon de la lune R = 1736 kilomètres ; on trouve ainsi que le degré moyen du méridien de la lune a une longueur linéaire de 30 300 mètres ou de 30 kilomètres $\frac{1}{3}$ environ.

PROBLÈME II.

Quelle distance existe-t-il entre deux points de l'équateur lunaire, dont la différence en longitude est de 2° 44' 24".

La circonférence de l'équateur lunaire peut être confondue avec celle du méridien de ce satellite ; nous prendrons donc, pour la longueur linéaire d'un degré de l'équateur sur la lune, la valeur 30 300 mètres, trouvée au problème I, et, en multipliant cette longueur par 2° 44' 24", ou par 2,74, nous trouverons

30 300 × 2,74 = 83 022 mètres, ou bien 83 kilomètres pour la distance demandée.

PROBLÈME III.

Tracer la route mensuelle que paraît suivre la lune sur la sphère céleste.

On sait que la zone zodiacale (n° 34, fig. 20) qui s'étend parallèlement à l'écliptique, est située, comme ce grand cercle de la sphère céleste, moitié dans l'hémisphère boréal, moitié dans l'hémisphère austral, et que, par cela même, le soleil passe alternativement six mois dans chacun de ces hémisphères. Or, la lune décrivant autour de la terre une orbite qui ne s'écarte que de 5° 9' à droite et à gauche du plan de l'écliptique, nous paraîtra aussi se mouvoir à travers le zodiaque et en parcourir successivement les douze signes ; ainsi, les deux astres, vus de la terre, sembleront décrire à peu près la même route sur la sphère céleste.

Mais la révolution du soleil dure une année, tandis que celle de la lune s'exécute dans un mois ; de là les apparences ci-après : à chaque nouvelle lune notre satellite vient se perdre dans le foyer solaire, et en ce moment les deux astres correspondent nécessairement au même signe du zodiaque ; ils se lèvent et se couchent ensemble aux mêmes points de l'horizon, à peu de chose près ; mais à 15 jours d'intervalle, lors de la pleine lune, ces astres occuperont des positions diamétralement opposées sur la sphère céleste, comme dans le zodiaque ; l'un voguera dans l'hémisphère austral, quand l'autre sera dans l'hémisphère boréal.

Cela posé, nous, habitants de la terre (*fig.* 47), en été, quand le soleil, dans sa course diurne, parcourt des cercles voisins du tropique du Cancer CD, nous verrons la nouvelle lune se lever et se coucher avec le soleil aux environs du même tropique. Mais 15 jours plus tard, sans que le soleil ait sensiblement changé de déclinaison boréale, nous observerons que la lune, dans son plein, se lève aux environs du point H, dans l'hémisphère austral, se couche près du point G, et parcourt le tropique du Capricorne GH pendant que le soleil suit le tropique opposé. La lune aura donc traversé toute la zone torride pendant cette demi-lunaison, et se sera levée successivement aux divers points de l'arc DH, comme le fait le soleil dans l'intervalle de six mois. Dans la seconde moitié de cette lunaison, notre satellite remontera la zone torride pour se retrouver sur le tropique CD à la nouvelle lune suivante.

En hiver, ce sera l'inverse : les nouvelles lunes devant se rencontrer en compagnie du soleil, s'opéreront dans l'hémisphère austral, près du tropique du Capricorne GH ; tandis que les pleines lunes auront lieu, à l'opposite du soleil, vers le tropique boréal CD.

Mais au printemps et en automne, la course mensuelle de la lune n'occupera plus toute la zone torride, et cet astre accomplira ses phases aux environs de l'équateur, lieux occupés alors par le soleil.

En conséquence, on peut dire que la route mensuelle de la lune sur la sphère céleste paraît être à peu près la même que la route annuelle du soleil, pour les lunaisons seulement qui s'opèrent aux approches des solstices.

Nous disons à peu près, parce qu'il faut tenir compte de la différence introduite dans les routes apparentes de ces deux astres par l'inclinaison de l'orbite lunaire sur le plan de l'écliptique ; cette inclinaison de 5° 9' fait passer la lune tantôt à droite, tantôt à gauche de l'écliptique, de telle sorte que la déclinaison maximum de notre satellite devient variable d'une lunaison à l'autre, et oscille entre les limites de 18° et demi à 28° et demi. C'est là ce qui amène des modifications dans les lieux apparents que la lune vient occuper successivement sur la sphère céleste, et rend la route mensuelle de ce satellite un peu différente de la route annuelle du soleil, qui demeure constante. Cette variation rend compte du fait observé par tout le monde : qu'à certaines époques, les pleines lunes d'été passent plus près de l'horizon sud que le soleil l'hiver, et que les pleines lunes d'hiver s'avancent bien plus du zénith que le soleil l'été.

On comprend, en effet, que les pleines lunes peuvent coïncider avec les déclinaisons extrêmes ; et comme le maximum de ces déclinaisons vaudra quelquefois 28° et demi, c'est-à-dire qu'il surpassera de 5° 9' l'obliquité de l'écliptique, on pourra voir la pleine lune passer, l'été au sud du tropique du Capricorne, et l'hiver au nord du tropique du Cancer.

EXERCICES.

1. Qu'est-ce que les phases de la lune ?

2. Qu'elle est la cause qui produit ces phases ?

3. Pourquoi la lune est-elle invisible pendant ses conjonctions ?

4. Définir les révolutions sidérale et synodique de la lune.

5. Qu'appelle-t-on les librations de la lune ?

6. Expliquer les éclipses de soleil et celles de lune.

7. Quelles sont les conditions nécessaires à la manifestation d'une éclipse totale de soleil ?

8. Pourquoi la lune reste-t-elle visible pendant les éclipses totales ?

9. Définir l'âge de la lune, l'épacte, le nombre d'or, le cycle solaire.

10. Comment fixe-t-on le dimanche de Pâques ?

LIVRE V.

PLANÈTES, COMÈTES ET AÉROLITHES.

§ I. LES PLANÈTES ET LEURS SATELLITES.

Sommaire. — Notions générales. — Révolutions apparente et réelle des planètes. — Leur distance au soleil. — Orbites planétaires. — Détails sur les planètes en particulier. — Pesanteur, masse, densité et poids des planètes. — Tableau synoptique.

111. On désigne sous le nom de *planètes* ces astres matériels, sphériques, non lumineux par eux-mêmes, qui tournent autour du soleil en vertu des lois de la gravitation universelle, comme le fait la terre ; et on appelle *satellites* d'autres sphères analogues qui gravitent autour des planètes, comme la lune autour de notre globe.

Les corps planétaires ont l'aspect des étoiles par l'éclat que leur donne la lumière du soleil qui les éclaire, et ne s'en distinguent à l'œil nu que par leur changement de place sur la voûte céleste ; mais, examinés au télescope, ces astres augmentent de volume, présentent des phases comme la lune, et offrent certaines particularités qui nous démontrent l'analogie et la confraternité qui existent entre ces sphères opaques et le globe terrestre.

Depuis l'antiquité jusqu'aux temps modernes, on a cru qu'il n'existait dans l'espace que les cinq planètes visibles à l'œil nu, que les anciens nommèrent *Mercure*, *Vénus*, *Mars*, *Jupiter* et *Saturne*, inscrites ici dans l'ordre de leur distance au soleil. Mais l'invention des lunettes astronomiques en a fait découvrir un grand nombre d'autres.

L'astronome Herschell fut le premier à signaler, en 1781, une 6e planète, au delà de Saturne, et qu'il nomma *Uranus*. Plus tard, entre 1801 et 1809, divers observateurs découvrirent quatre nouvelles planètes, invisibles à l'œil nu, et situées entre Mars et Jupiter. On les appela *Cérès*, *Pallas*, *Junon* et *Vesta*, et on reconnut que ces nouveaux astres sont beaucoup plus petits que les autres planètes, et que leurs orbites sont excessivement rapprochées les unes des autres.

La série semblait épuisée, lorsqu'en 1845, M. Hencke trouva une 5e petite planète à côté des quatre précédentes. Dès lors le zèle des explorateurs fut tellement excité, que chaque année produisit des découvertes nouvelles dans cette région du ciel, et que le nombre des petites planètes, comprises entre Mars et Jupiter, augmenta si rapidement, qu'on en connaissait 12 en 1850, 27 en 1853, 33 en 1855, 49 en 1857, 54 en 1859, et qu'aujourd'hui, au commencement de 1860, on est à la 57e.

Indépendamment de cette agglomération de petits astres, M. Le Verrier, directeur actuel de notre Observatoire national, soumettant au calcul les inégalités d'Uranus, annonça au monde savant, en 1846, qu'une 7e grande planète existait indubitablement au delà de l'orbite de cette dernière. Cette prévision fut pleinement confirmée par M. Galle, de Berlin, qui aperçut la planète Le Verrier le 23 septembre de la même année 1846. Cette 7e grande planète fut nommée *Neptune*.

Enfin, notre habile directeur, par suite de recherches analogues sur Mercure, a démontré récemment la nécessité de l'existence d'une 8e planète entre Mercure et le soleil, et l'on annonce qu'un amateur, M. Lescarbault, a eu le bonheur de la découvrir à son passage sur le disque solaire, le 26 mars 1859.

D'après cela, le système planétaire est divisé en deux classes distinctes : 1º les grandes planètes, au rang desquelles la terre est comprise, et qui sont actuellement au nombre de 9 ; 2º le groupe des petites planètes, agglomérées entre Mars et Jupiter, et dont le nombre, actuellement de 57, peut augmenter encore chaque jour.

112. Révolution sidérale et synodique des planètes. De notre station sur terre, nous ne pouvons juger que très-imparfaitement de la course réelle que suivent les planètes dans l'espace ; aussi les irrégularités apparentes de leurs mouvements ont-elles fait le désespoir des anciens astronomes.

Les planètes obéissent d'abord à la rotation diurne du firmament de l'est à l'ouest, provoquée par la rotation de la terre sur son axe, et semblent se lever et se coucher chaque jour, comme tous les autres astres ; mais elles éprouvent de plus un déplacement en sens contraire, comme le soleil, par suite de la translation de notre globe.

Ce second mouvement apparent, à travers les constellations zodiacales, compliqué de la translation réelle des planètes autour du soleil, se traduit pour nous en courbes inqualifiables qui offrent des contours, des zigzags, des points de rebroussement bizarres. Quand on veut tracer ces courbes sur une sphère céleste, en prenant, comme pour l'écliptique (nº 30), les ascensions droites et les déclinaisons journalières de ces astres errants, on voit que les planètes parcourent l'espace avec des vitesses irrégulières, tantôt dans le sens *direct*, ou d'occident en orient ; tantôt dans le sens *rétrograde*, ou de l'est à l'ouest, et que parfois elles semblent *stationnaires*.

Quoi qu'il en soit, les planètes, dans leur course apparente, viennent occuper successivement deux positions remarquables relativement à la terre et au soleil : ce sont les *conjonctions* et les *oppositions*. On dit qu'une planète est en conjonction quand elle se trouve sur la direction du soleil par rapport à nous, ou qu'elle se lève et se couche avec cet astre ; la planète est en opposition quand la terre s'interpose entre cette planète et le soleil, de telle sorte que cette planète se lève quand le soleil se couche.

Quand on examine la marche des diverses planètes pour constater l'instant de leurs conjonctions et de leurs oppositions, on remarque qu'elles n'arrivent pas toutes à ces deux positions opposées, et que, pour Mercure et Vénus, il ne s'opère que la conjonction. On conclut de ce fait que ces deux planètes sont plus rapprochées du soleil que la terre, et que les orbites qu'elles décrivent autour de l'astre radieux sont renfermées dans l'orbite terrestre ; que les autres planètes, au contraire, sont plus loin du soleil que notre globe, et que leurs orbites enveloppent la nôtre de toutes parts.

Pour caractériser ces situations, on a nommé *planètes inférieures* celles qui se trouvent entre la terre et le soleil, et *planètes supérieures* celles qui sont à une plus grande distance du soleil que notre globe. On ne comptait que deux planètes inférieures, Mercure et Vénus, mais la découverte de M. Lescarbault fera la troisième, si elle se confirme. Quant aux planètes supérieures, leur nombre aujourd'hui s'élève à 62, dont 5 grandes et 57 petites.

Les mouvements réels et fictifs des planètes donnent lieu à une distinction importante entre leur révolution sidérale et leur révolution synodique.

La révolution synodique d'une planète est le temps qui s'écoule entre deux conjonctions consécutives de cette planète avec le soleil, pour un observateur placé sur la terre. Ces durées, que l'observation constate facilement, sont dépendantes de la translation de la terre et ne s'éloignent pas excessivement de la longueur de l'année.

La révolution sidérale d'une planète est le temps qu'elle emploie, dans sa translation autour du soleil, pour parcourir en entier son orbite elliptique. Cette durée, facile à constater pour un observateur placé sur le soleil, l'est un peu moins pour notre station terrestre. On y parvient pourtant de la manière suivante : au moment d'une conjonction de la planète avec le soleil, on remarque une étoile qui soit dans la direction de ces deux astres, et on attend le retour de cette même circonstance. Il est certain que l'intervalle écoulé entre deux conjonctions simultanées de ces trois astres sera égal à la révolution de la planète autour du soleil ; car ces rencontres ne peuvent se reproduire qu'après que la planète aura parcouru son orbite en entier.

Nous verrons plus loin que les révolutions sidérales des planètes ont des durées très-différentes, et qu'elles sont comprises entre une couple de mois et 165 ans.

La figure ci-dessous aidera aux élèves à se familiariser avec les notions qui précèdent.

Soient S le soleil (*fig.* 64), T la terre, V une planète inférieure, J une planète supérieure, et admettons que

Fig. 64.

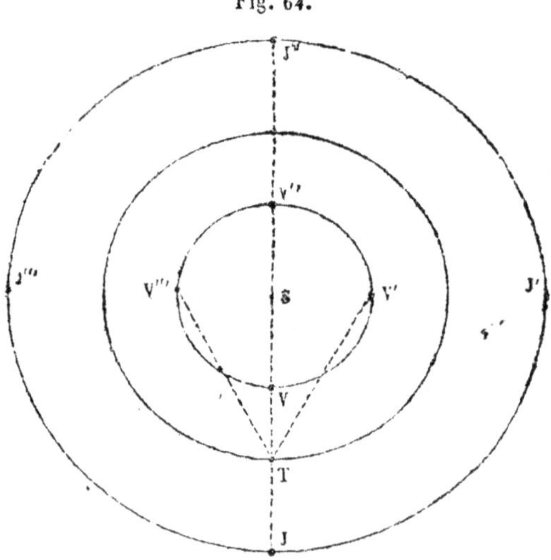

les cercles de la figure représentent les courbes respectives de ces planètes autour du soleil. Durant ces évolutions simultanées, les astres prendront toutes les positions possibles les uns par rapport aux autres.

Quand la planète supérieure se trouve en J″, sur la direction du soleil S, elle est en conjonction; tandis que, arrivée en J, au delà de la terre par rapport au soleil, la planète est en opposition. Pendant que cet astre ira de J′ en J″, il nous semblera qu'il s'approche du soleil, et son mouvement apparent sera direct; mais au delà de la conjonction, entre J″ et J‴, le mouvement deviendra rétrograde, et l'astre paraîtra s'éloigner du soleil.

La planète inférieure aura deux conjonctions, l'une en V, l'autre en V″, mais elle ne pourra jamais passer en deçà de la terre et arriver en opposition. Quand la planète ira de sa *conjonction inférieure* V à sa quadrature V′, il nous paraîtra qu'elle s'éloigne du soleil; de V′ en V″ elle semblera s'en approcher; de la *conjonction supérieure* V″ à la quadrature V‴, la planète s'éloignera de nouveau de l'astre du jour pour s'en rapprocher encore de V‴ en V.

En conséquence, cette planète inférieure, vue de la terre, nous paraîtra osciller autour du soleil dans un arc correspondant à l'angle V′ T V‴, au lieu de décrire le tour entier de son orbite; aussi la verrons-nous, constamment dans le voisinage du soleil, précéder le lever de cet astre ou suivre son coucher d'un inter-valle qui n'est jamais très-considérable.

Ce va et vient apparent d'une planète inférieure, de droite à gauche du soleil, est appelé la *digression* de cette planète, et on la distingue en *digression orientale* et en *digression occidentale*. La valeur angulaire des digressions, en un moment donné, est dite l'*élongation*, dont le maximum est l'angle STV′.

113. Phases des planètes. Les planètes sont des corps opaques, et la clarté dont elles brillent n'est que la lumière solaire qu'elles réfléchissent vers nous. Ce qui le prouve, ce sont les phases que nous présentent ces astres, à la manière de la lune.

Quand une planète inférieure est à sa conjonction V (*fig.* 64), nous ne l'apercevons pas, à moins que son dis-que ne se projette en un cercle noir sur le soleil; quelque temps après, cette planète allant de V en V' apparaîtra comme un croissant délié P (*fig*. 65), lequel s'élargira peu à peu et deviendra en V' un demi-cercle lumineux P'; enfin, vers la conjonction supérieure V'', l'astre présentera un cercle complet de lumière P''.

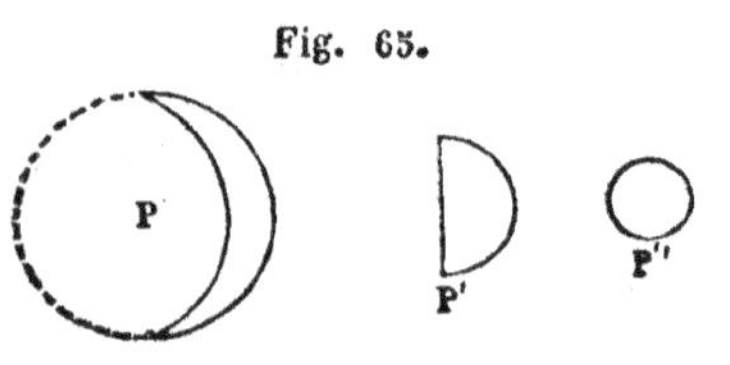

Fig. 65.

Dans cette position, la planète aura un diamètre apparent beaucoup plus petit qu'en V, car elle est ici beaucoup plus rapprochée de la terre.

Les phases de la planète se reproduiront en sens inverse dans la seconde moitié de sa course V'' V''' V (*fig*. 64).

Si nos observations se portent sur une planète supérieure J, nous ne devrons pas nous attendre à voir ses phases dans tout leur développement, à cause de notre station défavorable. L'astre sera sans cesse visible, et nous n'apercevrons jamais de croissant très-délié; mais nous aurons deux *pleines planètes* à l'opposition J et à la conjonction J'', car le disque éclairé par le soleil sera alors en face de la terre. Mais il y aura cette différence, pourtant, que le diamètre apparent de l'astre sera beaucoup plus grand en J qu'en J'', puisque la distance TJ est très-inférieure à TJ''. Les positions seules où la planète supérieure nous offrira un croissant plus ou moins prononcé, seront vers ses quadratures J', J'''. La manifestation de ce croissant dépendra d'ailleurs de la valeur relative des distances ST, SJ.

114. Rotation des planètes. Outre leur mouvement de translation, les planètes exécutent une rotation sur elles-mêmes qui produit sur ces astres, comme sur terre, la succession des jours et des nuits. Cette rotation s'effectue autour d'un axe plus ou moins oblique au plan de l'orbite de la planète, et cette obliquité occasionne la diversité des saisons. L'invention du télescope a permis de constater la rotation des planètes et d'en mesurer la durée, par l'observation de certaines taches qu'on découvre sur la surface de ces astres; on voit, en effet, ces taches aller d'un bord à l'autre et reparaître périodiquement.

La durée de la rotation des planètes Mercure, Vénus et Mars, est peu différente de celle de la terre; tandis qu'elle n'est que de 9 à 10 heures pour Jupiter et pour Saturne.

115. Distance des planètes au soleil. La détermination de la distance d'une planète au soleil est un simple problème de trigonométrie qui ne présente nulle difficulté, dès que l'on connaît la distance du soleil à la terre. On a trouvé que les valeurs moyennes de ces distances, celle de la terre étant l'unité, sont exprimées par les nombres suivants : pour Mercure, 0,39 ; pour Vénus, 0,72 ; pour la Terre, 1 ; pour Mars, 1,52 ; pour les petites planètes télescopiques (limites extrêmes), 2,2 et 3,2 ; pour Jupiter, 5,2 ; pour Saturne, 9,54 ; pour Uranus, 19,18 ; et pour Neptune, 30,04.

Ces nombres proportionnels serviront à calculer la valeur linéaire de la distance des planètes au soleil, en se rappelant que le rayon moyen de l'orbite terrestre, pris pour unité, est 24000 fois le rayon terrestre R = 6366 kilomètres, ou bien 152784000 kilom.

116. Rayon et volume des planètes. La méthode employée pour déterminer la longueur du rayon des planètes consiste à mesurer leur diamètre apparent ; à le réduire, par le calcul, à ce qu'il serait si la planète était vue à une distance égale à la distance moyenne du soleil à la terre ; et à comparer ce diamètre réduit au double de la parallaxe solaire (no 57). On trouve ainsi, le rayon du globe terrestre étant pris pour unité, que le rayon de Mercure est 0,391 ; celui de Vénus 0,985 ; de Mars 0,519 ; de Jupiter 11,225 ; de Saturne 9,022 ; d'Uranus 4,344 ; et de Neptune 4,719. Celui des planètes télescopiques n'est point encore connu.

Ces nombres, multipliés par R ou par 6366, donneront en kilomètres la longueur linéaire des rayons planétaires.

Pour calculer le volume des planètes, on fera usage
de la formule géométrique qui donne le volume d'une
sphère en fonction de son rayon, et on trouvera que

Fig. 66.

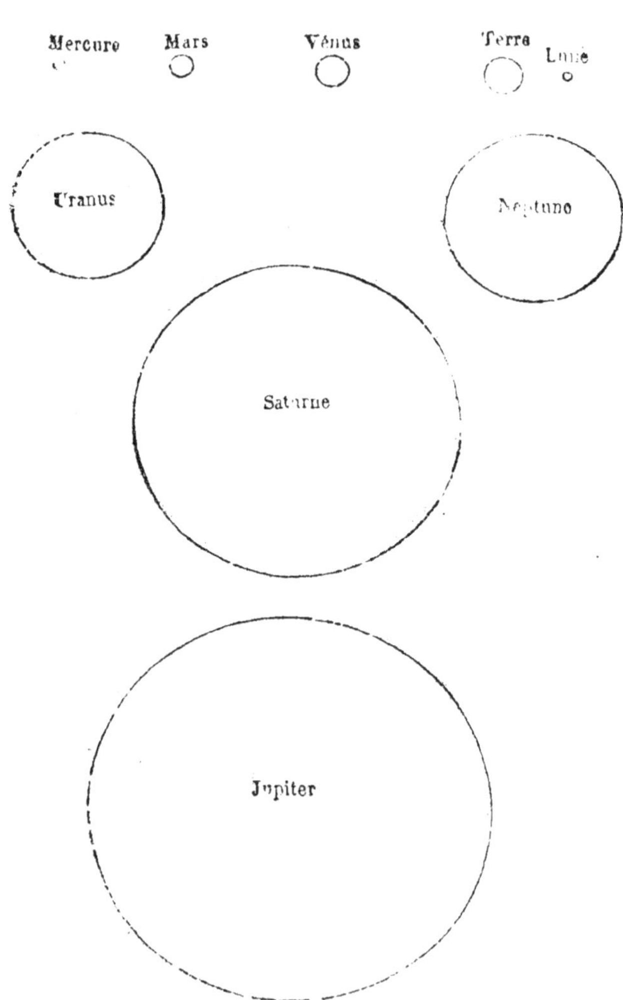

Mercure, la plus petite des anciennes planètes, n'est pas le quinzième du volume de notre globe, et que Jupiter, la plus grande, a un volume 1414 fois plus grand que celui de la terre. Pour faire apprécier les dimensions comparatives des planètes principales, nous avons tracé la circonférence de leurs sphères (*fig.* 66) avec des rayons proportionnels, et en donnant au rayon terrestre, pris pour unité, 2 millimètres. D'après cela, le globe du soleil doit avoir un rayon de 224 millimètres, et il sera bon que les élèves tracent ce cercle sur le tableau pour compléter la comparaison.

117. Système du monde. Privés d'instruments d'optique, les anciens avaient cru la terre immobile au centre de l'univers, pendant que les astres décrivaient autour d'elle des cercles parfaits. Cette hypothèse, malgré les difficultés qu'elle offrait pour expliquer le mouvement apparent et irrégulier des planètes, s'est maintenue bien des siècles sous le nom de *système de Ptolémée;* nous en donnons, pour mémoire, la représentation dans la figure 67. On y voit les astres dis-

Fig. 67.

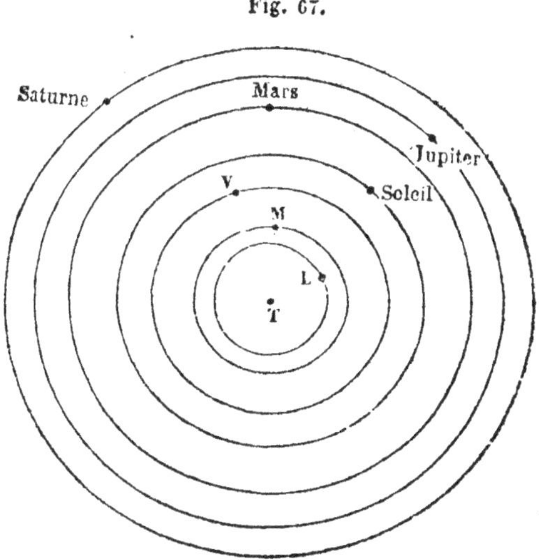

posés autour de la terre T dans l'ordre suivant : la Lune, Mercure, Vénus, le Soleil, Mars, Jupiter, Saturne, après lequel venait la région des étoiles.

Mais au XVIe siècle, *Copernic* dévoila le véritable système du monde, en annonçant que le soleil est le centre de mouvement de tous les corps planétaires. Cependant ce grand homme trouva des contradicteurs, et, pour concilier les opinions, *Tycho-Brahé* replaça la terre au centre de l'univers, tout en laissant circuler les planètes autour du soleil, comme le représente la figure 68.

Système de Tycho-Brahé. — Fig. 68.

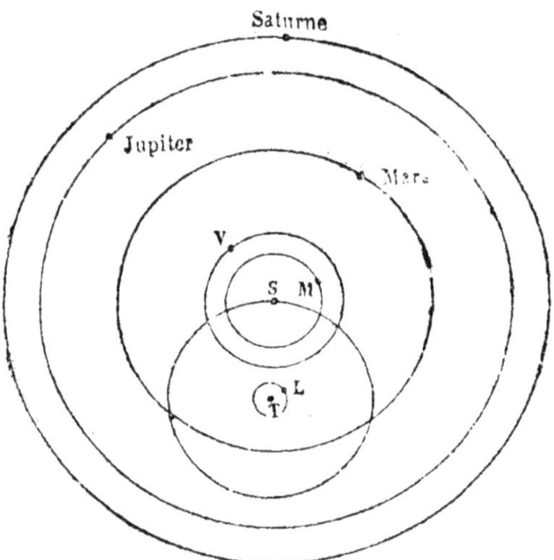

Néanmoins, la vérité du système de Copernic fut confirmée bientôt par les lois de Kepler et les découvertes de Galilée ; aussi fut-il adopté exclusivement. Nous l'avons représenté dans la figure 69, en décrivant autour du soleil S, centre du système, divers cercles pour indiquer les orbites planétaires. A cet effet, nous avons pris pour rayons des nombres proportionnels aux valeurs du n° 115, en partant du rayon de l'orbite terrestre pris pour unité, et que nous avons fait égal à un centimètre.

Système de Copernic. — Fig. 69.

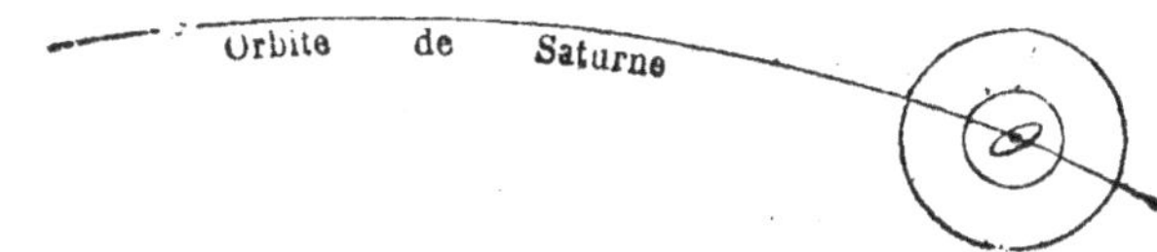

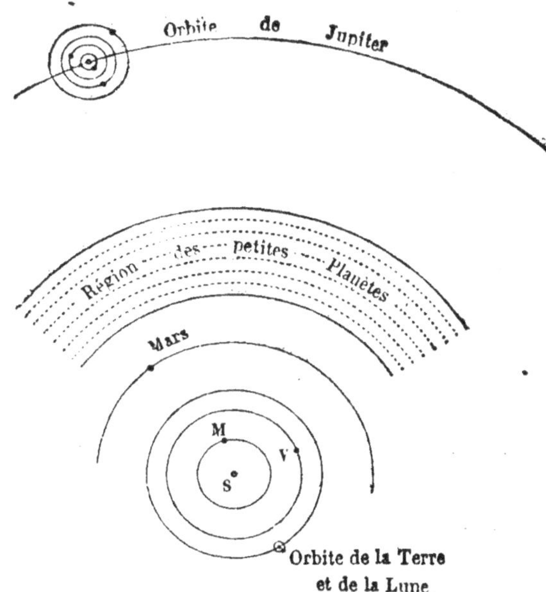

On voit donc autour du soleil S, d'abord l'orbite de Mercure, avec un rayon SM de 3ᵐᵐ, 9; celle de Vénus, dont le rayon SV $= 7^{mm},2$; ensuite l'orbite terrestre et un petit cercle pour représenter l'orbite que trace la lune autour de la terre. Vient après, l'orbite de Mars, et au delà la région des planètes télescopiques dont les orbites sont renfermées entre deux cercles limites. A une distance du soleil S de 52 millimètres, on trouve l'orbite de Jupiter, accompagné des orbites secondaires de ses quatre satellites. Enfin, on a l'orbite de Saturne, à 95 millimètres du soleil, et on voit figuré l'anneau qui accompagne cette planète, ainsi que les limites des orbites secondaires de ses huit satellites.

La figure n'a pas pu contenir les orbites d'Uranus et de Neptune; mais le lecteur y suppléera en sachant que l'orbite d'Uranus doit avoir 192 millimètres de rayon, et celle de Neptune 300 millimètres.

Cette figure, bien entendu, ne représente exactement que les distances respectives des planètes au soleil, et il ne faudrait pas confondre les orbites planétaires avec les cercles concentriques tracés sur un même plan autour du point S. Les orbites des planètes sont des courbes elliptiques situées dans des plans différents qui s'entrecoupent sous des inclinaisons diverses, et dont le centre du soleil est un foyer commun. Ces obliquités, d'ailleurs peu considérables, et rapportées au plan de l'écliptique, ont été calculées avec exactitude, et on ne les a trouvées que d'une faible valeur pour la plupart des planètes. Cependant, l'obliquité de Mercure est de 7 degrés, et celle de quelques-unes des petites planètes s'élève à 10, 12, 16, 21 et même jusqu'à 34 degrés.

L'orbite de chaque planète coupe le plan de l'écliptique en deux points qu'on nomme les *nœuds* de cette planète, le *nœud ascendant* et le *nœud descendant*. La droite qui joint les nœuds, nommée la *ligne* des nœuds, passe par le centre du soleil.

La position de l'orbite d'une planète est déterminée par celle de ses nœuds et par l'inclinaison de cette orbite sur le plan de l'orbite terrestre.

La position de la planète elle-même est déterminée

par les coordonnées célestes du point que cet astre occupe sur son orbite en un moment donné.

On avait créé anciennement des caractères pour représenter les planètes; ce sont : ☿ Mercure, ♀ Vénus, ♁ la Terre, ♂ Mars, ♃ Jupiter, ♄ Saturne, et l'on avait adopté le même usage pour les premières découvertes modernes; mais on y a renoncé depuis que le nombre des planètes télescopiques s'est trop accru, et on les désigne par des numéros d'ordre.

DÉTAILS SUR LES PLANÈTES.

Pour compléter ces notions, nous allons ajouter quelques détails individuels sur les planètes, et particulièrement sur celles qui sont visibles à l'œil nu.

118. Mercure. La planète Mercure, ordinairement noyée dans les rayons solaires, est rarement visible; on l'aperçoit pourtant, par intervalles, comme une étoile de 3e grandeur, le soir un peu après le coucher du soleil, et le matin avant son lever.

Le diamètre apparent de Mercure varie entre 5″ et 12″, et son diamètre réel est environ les $\frac{3}{8}$ du diamètre terrestre, ce qui donne à cet astre un volume équivalent à $\frac{1}{47}$ de celui de notre globe à peu près.

La durée de la rotation de Mercure sur son axe est de 24 de nos heures et 5 minutes; celle de sa translation autour du soleil, ou de son année, est de 88 jours solaires moyens environ. On calcule, d'après cela, que la vitesse de rotation de cette planète en un point de son équateur est de 180 mètres par seconde, et que sa vitesse de translation dans l'espace vaut 47 kilomètres ¾ par seconde.

La distance de Mercure au soleil est, en moyenne, de 0,3871, ou bien de $0{,}3871 \times 6366 \times 24000 = 61536000$ kilomètres.

Les lunettes rendent les phases de Mercure très-visibles. On sait qu'il existe sur cette planète des montagnes très-élevées et une atmosphère très-dense.

119. Vénus. La planète Vénus, la plus facile à reconnaître à l'œil nu, est cette belle étoile blanche, d'un éclat supérieur aux étoiles de 1re grandeur, qu'on voit briller le soir à l'occident, après le coucher du soleil, ou bien à l'orient, le matin avant le lever de cet astre, selon les époques. Ces apparitions alternatives ont valu à la planète Vénus les dénominations de *Vesper*, ou *étoile du soir*, et de *Lucifer*, ou *étoile du matin*. On la nomme encore *étoile du berger*.

L'éclat de cet astre magnifique est très-variable, comme sa distance à la terre, entre sa conjonction inférieure et sa conjonction supérieure. Son diamètre apparent varie entre 10″ et 61″. Son diamètre réel est peu différent de celui de la terre. Sa distance au soleil est en moyenne de 0,723 , ou de 110 millions de kilomètres.

Vénus tourne dans 23 heures 21 minutes 19 secondes sur un axe fortement incliné au plan de son orbite ; en sorte que les saisons y doivent offrir des différences bien plus marquées que sur terre. Sa vitesse de rotation à l'équateur est de 469 mètres par seconde.

La durée de la révolution de cette planète est de 225 de nos jours, et, dans cette évolution, on la voit passer quelquefois sur le disque solaire comme une tache noire circulaire. Ces passages servent à calculer la parallaxe du soleil (n° 57), et, par suite, à déterminer les dimensions et les distances respectives de tous les corps du système planétaire. Le prochain passage aura lieu le 8 décembre 1874.

La vitesse de translation de cette planète est de 35 ½ kilomètres par seconde.

On sait que Vénus est entourée d'une atmosphère comparable à celle de la terre, et qu'il existe sur cette planète des montagnes considérables.

120. Mars. La planète Mars apparaît comme une étoile rouge de 1re ou de 2e grandeur, assez facile à confondre avec les fixes, sauf le défaut de scintillation. Son diamètre apparent varie entre 4″ et 25″, et son diamètre réel ne dépasse guère la moitié du diamètre terrestre. Le volume de cette planète équivaut à $\frac{1}{7}$ de celui de notre globe.

La distance moyenne de Mars au soleil est 1,523, et la durée de sa révolution sidérale de 687 de nos jours moyens, ou le double presque de notre année. Sa vitesse de translation est de 23 kilomètres ½ par seconde.

La rotation de Mars sur son axe s'effectue en 24 heures 39 minutes 21 secondes, et l'inclinaison de cet axe sur le plan de l'orbite de la planète est de 28° environ, ce qui ne diffère pas beaucoup de l'obliquité terrestre. Sa vitesse de rotation est de 234 mètres par seconde.

M. Arago a constaté que l'aplatissement des pôles de Mars, beaucoup plus considérable que celui des pôles terrestres, est de $\frac{1}{30}$ environ de son rayon.

La constitution physique de Mars paraît analogue à celle de la terre : on y remarque des taches blanches vers les régions polaires (*fig.* 70), qui font croire à des amas de glace comme à nos pôles, d'autant plus que ces taches augmentent et diminuent périodiquement avec le changement des saisons sur cet astre. L'aspect de la planète est en général rougeâtre, couleur probable de son sol.

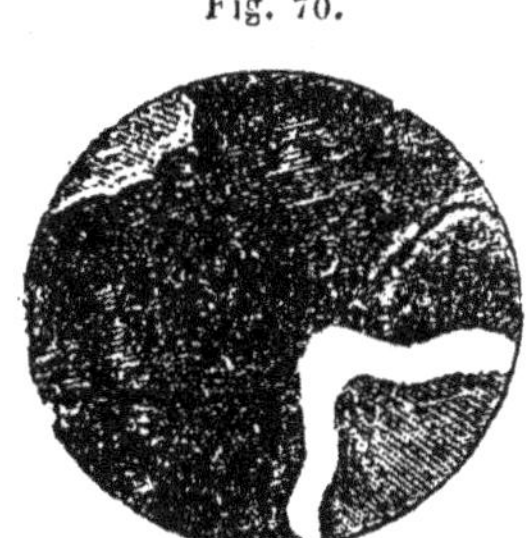
Fig. 70.

121. Jupiter et ses quatre satellites. La planète Jupiter est de beaucoup la plus grosse de tout le système planétaire. On la voit à l'œil nu briller d'un vif éclat et dominer, comme Vénus, les plus belles étoiles du firmament ; mais Jupiter est d'une belle couleur de feu, tandis que Vénus est blanche.

Le diamètre apparent de Jupiter ne varie que de 30″ à 46″ ; son diamètre réel est 11,225 ou onze fois et quart celui de la terre. Aussi le rayon de Jupiter vaut 71458 kilomètres, et son volume égale 1414 fois et 1/5 le volume de notre globe.

La distance de Jupiter au Soleil est 5,2 fois le rayon moyen de l'orbite terrestre. La durée de sa révolution sidérale est de 12 de nos années environ, d'où l'on déduit, pour sa vitesse de translation, 13 kilomètres par seconde.

Cette planète tourne sur un axe presque perpendiculaire au plan de son orbite, ce qui doit rendre les saisons peu variables ; mais la rotation s'effectue avec une rapidité inconcevable dans l'intervalle de 9 heures 55 minutes. Aussi la vitesse à l'équateur est de 12600 mètres par seconde, et l'aplatissement des pôles sur cette planète colossale est énorme : on l'évalue à $\frac{1}{17}$ du rayon équatorial.

Jupiter vu au télescope offre un disque ovale sillonné par des raies ou nuances parallèles à son équateur (*fig.* 71) ; ces raies accusent la présence d'une atmosphère chargée de nuages qui obéissent au courant rapide de vents analogues à nos alizés.

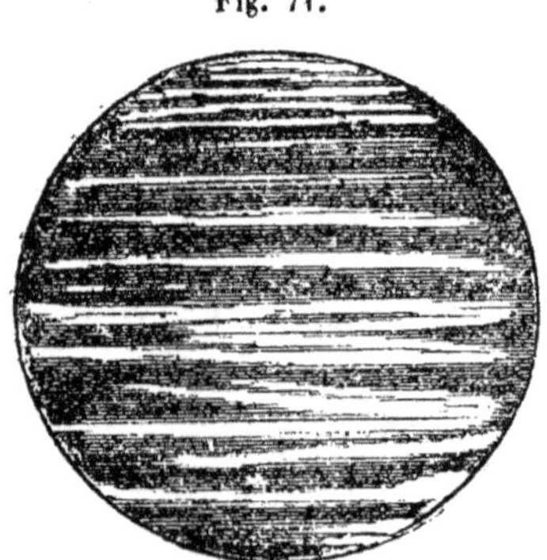

Fig. 71.

Cette planète occupe actuellement la constellation des Gémeaux ; et comme elle parcourt le zodiaque en douze ans, et qu'ainsi elle demeure un an dans chaque signe, il sera facile de la retrouver quand on l'aura distinguée une fois.

Satellites de Jupiter. L'invention des lunettes fit découvrir aussitôt à Galilée l'existence de quatre *satellites* ou *lunes*, circulant autour de Jupiter, d'après les lois de Kepler, et dans des orbites situés presque dans le plan de celle de la planète. Aussi ces satellites produisent fréquemment, pour Jupiter, le phénomène des éclipses, comme le fait quelquefois notre lune pour la terre.

On sait que les lunes de Jupiter tournent sur elles-mêmes dans le même temps qu'autour de l'astre, et qu'ainsi elles ne présentent qu'une seule et même face à la planète, comme nous le voyons pour notre lune.

Les distances respectives de ces satellites à Jupiter sont en moyenne de 6; 9,6; 15,3 et 27 fois le rayon équatorial de la planète. Les durées de leurs révolutions exprimées en nos jours solaires valent 1ʲ,77 ; 3ʲ,55 ; 7ʲ,15 et 16ʲ,69.

Les éclipses des satellites de Jupiter servent à calculer les longitudes en mer, et nos astronomes les ont mises à profit, en outre, pour déterminer la vitesse de propagation de la lumière. A cet effet, on a calculé le retard qu'éprouvent ces phénomènes entre le point où la planète est le plus près de la terre et le point où elle en est le plus éloigné.

C'est Rœmer le premier qui exécuta cette belle opération en 1675, et qui trouva par là que la vitesse de la lumière est de 308300 kilomètres par seconde.

122. Saturne, son anneau et ses huit satellites. La planète Saturne, la plus volumineuse après Jupiter, n'est cependant que la moitié de celle-ci. Son diamètre réel vaut 9 fois celui de la terre, ce qui donne pour le rayon de cette planète 57454 kilomètres, et pour son volume 735 fois le volume de notre globe.

La distance moyenne de Saturne au soleil est 9,54, la durée de sa révolution sidérale de 29 de nos années, et sa vitesse de translation de 8 ¾ kilomètres par seconde.

Saturne tourne sur son axe en 10 heures 16 minutes, et sa vitesse à l'équateur est de 9780 mètres par seconde. Cette vitesse prodigieuse a produit un aplatissement considérable dans ses pôles : Herschel l'estime à $\frac{1}{11}$.

Vue à l'œil nu, Saturne offre l'aspect d'une étoile blanche de 1ʳᵉ ou de 2ᵉ grandeur ; on la trouve actuellement tout près de Régulus, dans le Lion ; et, comme elle met deux ans et demi environ pour traverser chaque signe du zodiaque, on la retrouvera très-facilement dès qu'on l'aura aperçue une fois.

La surface de cette planète (*fig*. 72) est sillonnée de bandes parallèles comme celle de Jupiter, lesquelles accusent une atmosphère nuageuse.

Fig. 72.

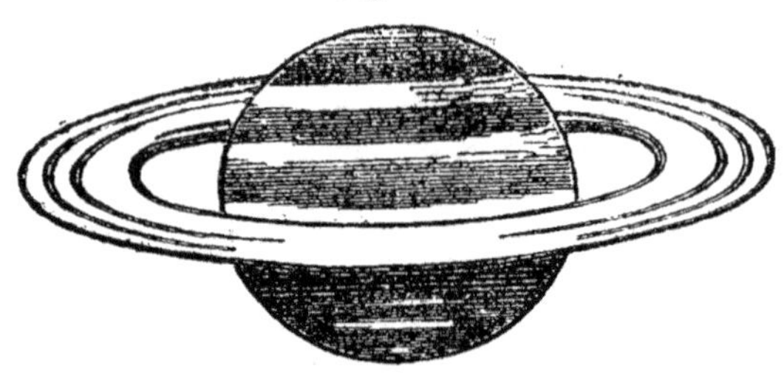

Anneau de Saturne. La planète Saturne offre une particularité surprenante : le globe de cet astre est suspendu au centre d'un anneau matériel qui lui reste intimement lié. Ce cadre aux vastes dimensions est peu épais, mais très-large dans le sens du plan de l'équateur de la planète, avec lequel se confond presque la section médiane de cet anneau.

On a calculé que le diamètre extérieur de l'anneau de Saturne est de 2,37, et le diamètre intérieur 1,66, en prenant pour unité le diamètre équatorial de cette planète ; ce qui donne :

Rayon extérieur de l'anneau. . 142000 kilomètres,
Rayon intérieur.   94000   —
Largeur de l'anneau.   48000   —
Distance comprise entre la sur-
face de la planète et l'an-
neau   36000   —
Épaisseur de l'anneau.   120   —

L'anneau de Saturne, en suivant la planète dans sa translation, se transporte parallèlement à son plan et fait toujours ainsi un même angle avec l'orbite de la planète ; mais cet anneau éprouve, en outre, un mouvement de rotation dans ce plan, dont la durée est presque égale à la rotation de Saturne sur son axe. Ce cadre singulier ne nous présente jamais sa face circulaire, et nous ne l'apercevons que sous une forme ovale (*fig.* 72) qui se réduit à un simple trait (*fig.* 73) quand nous le voyons sur son épaisseur.

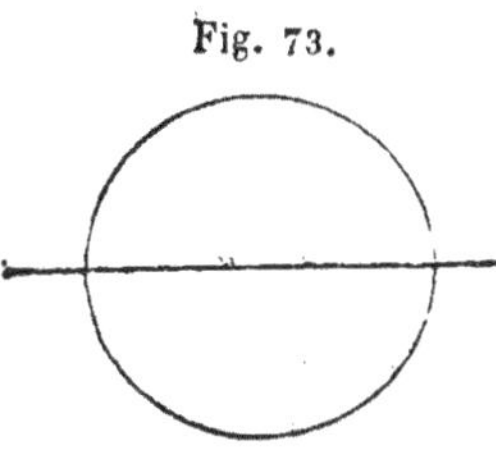

Fig. 73.

L'anneau de Saturne n'est pas d'une seule pièce; il est composé de plusieurs anneaux concentriques, isolés les uns des autres, au nombre de deux ou trois au moins.

Satellites de Saturne. Indépendamment de l'anneau, Saturne possède encore huit *satellites* ou *lunes* qui se meuvent à peu près dans le plan de cet anneau. Aussi les voit-on quelquefois se projeter sur son épaisseur, comme des taches ou des points brillants qui parcourent l'anneau.

Les satellites sont tous en dehors de l'anneau, car leurs distances à la planète sont comprises entre 3,35 et 64,25 en prenant le rayon équatorial de cette planète pour unité. La durée de leur translation autour de Saturne est de moins d'un jour pour le satellite le plus rapproché, et va jusqu'à 79 jours pour le 8e satellite.

On comprend que l'anneau de Saturne et ses huit satellites doivent produire des éclipses nombreuses et variées, pour le spectateur placé sur la planète.

123. Uranus et ses huit satellites. La planète que découvrit Herschell en 1781 est quelquefois visible à l'œil, mais confondue avec les plus faibles étoiles. Son diamètre réel, facilement déduit de son diamètre apparent, donne à cette planète un rayon de 4,34 ou de 27630 kilomètres, et un volume égal à 82 fois celui de la terre.

La distance d'Uranus au soleil est 19 fois celle de la terre au même astre; le temps de sa révolution sidérale dure 84 ans, et sa vitesse de translation est de 6 ½ kilomètres par seconde.

Herschell a reconnu l'aplatissement des pôles d'Uranus, et constaté ainsi sa rotation sur l'axe.

Satellites d'Uranus. La planète Uranus est entourée de six satellites et peut-être de huit, d'après Herschell, dont les distances au centre de l'astre principal sont comprises entre 7 ½ et 90 fois le rayon de la planète. La durée des révolutions de ces satellites est de 2 jours ½ pour le plus rapproché, et de 107 ½ pour le plus éloigné. Les plans des orbites des satellites font, avec celui de l'orbite de la planète, des angles considérables allant jusqu'à 79°.

Mais on rencontre ici une exception frappante au système solaire : tandis que toutes les autres lunes ou satellites tournent, comme les planètes, d'occident en orient, les satellites d'Uranus tournent en sens rétrograde d'orient en occident.

124. Neptune et son satellite. La planète Neptune, découverte en 1846, est invisible à l'œil nu, reléguée qu'elle est aux confins du système planétaire.

On sait, néanmoins, que son rayon vaut 4,72 et que son volume, supérieur à celui d'Uranus, égale 110 fois le volume de la terre. La distance de Neptune au soleil est 30 fois le rayon moyen de l'orbite terrestre, la durée de sa révolution sidérale 164 ans $\frac{2}{3}$, et sa vitesse de translation 5 ½ kilomètres par seconde. On n'a pu constater encore sa rotation sur l'axe.

Satellite de Neptune. M. Lassel a découvert un satellite autour de Neptune, dont la distance à la planète est de 13 fois le rayon de celle-ci, et la durée de sa révolution de 5 jours $\frac{9}{10}$ environ.

Pesanteur, masse, densité et poids du soleil et des planètes principales.

125. Il est indispensable que les élèves aient une idée fort claire de la valeur des termes précédents, et nous allons les résumer :

On nomme *pesanteur, attraction* ou *gravitation* cette force permanente de la nature, par laquelle tous les corps, sans exception, toutes les molécules s'attirent réciproquement et tendent à se précipiter les uns sur les autres. La manifestation de cette force sur notre globe porte particulièrement le nom de pesanteur, et c'est elle qui fait *tomber* un corps quelconque dès qu'il n'est plus soutenu.

Relativement aux espaces planétaires et célestes, la pesanteur s'appelle attraction ou gravitation universelle.

Les lois de l'attraction sont résumées dans cette formule générale : *Tous les corps s'attirent réciproquement en raison directe de leurs masses, et en raison inverse du carré de leurs distances.*

Le *poids* d'un corps est l'effet de la pesanteur exercée sur ce corps, ou bien la somme des attractions qu'éprouvent ses molécules par l'action terrestre. La mesure de ce poids est l'effort qu'il faut employer pour empêcher ce corps de tomber, pour équilibrer la pesanteur.

La *masse* d'un corps est la somme des particules matérielles contenues dans ce corps, indépendamment de son volume et de son état actuel. C'est le volume absolu auquel ce corps serait réduit s'il n'avait pas de pores et que toutes les molécules fussent ramenées au contact.

La *densité* d'un corps est la quantité de matière comparativement à son volume, ou bien c'est le rapport du poids au volume des corps. Pour exprimer qu'un mètre cube de pierre pèse trois fois moins qu'un mètre cube de fer et quatre fois plus qu'un mètre cube de bois, on dit que la pierre est trois fois moins dense que le fer, et quatre fois plus dense que le bois.

Les volumes, les poids, les masses et les densités des diverses planètes sont liés entre eux de telle sorte que les uns font connaître les autres avec d'autant plus de facilité que nous avons sur terre les unités connues de ces quantités. En effet, nous connaissons le volume de la terre (n° 54) ; par ses belles expériences, Cavendish, au siècle passé, a trouvé que la densité de notre globe est en moyenne de 5,44, et en multipliant le volume de la terre par sa densité, on obtient son poids (*).

(*). Voyez notre *Géométrie.*

Quant à la masse, on ne pourra probablement jamais trouver d'unité, car la masse absolue des corps nous sera inconnue aussi longtemps que la nature intime de la matière. Il faut donc nous contenter de déterminer les rapports des masses relatives.

Pour calculer tous ces éléments planétaires, les astronomes n'ont eu qu'à combiner les distances respectives des planètes au centre attractif du soleil et leurs vitesses de translation, avec les lois de la gravitation universelle ; mais les détails de ces intéressantes opérations ne pouvant trouver place ici, nous nous contenterons d'en consigner les résultats.

126. Intensité de la pesanteur à la surface des planètes. On sait, par expérience, qu'un corps qui tombe librement, près la surface de la terre, parcourt $4^m,9$ dans la première seconde de sa chute ; et cette vitesse mesure l'intensité de la pesanteur terrestre. Or, en prenant celle-ci pour unité, on a trouvé que l'intensité de la pesanteur sur le soleil est 28,36, ou 28 fois $\frac{1}{3}$ plus grande que sur terre ; enfin, que cette intensité sur les planètes est : pour Jupiter, 2,45 ; pour Neptune, 1,10 ; pour Saturne, 1,09 ; pour Uranus, 1,05 ; pour Vénus, 0,91 ; pour Mercure, 0,54 ; pour Mars, 0,50 ; enfin, pour la Lune, 0,163.

En conséquence, les unités de chute des corps qui tombent librement sur les divers astres, c'est-à-dire le chemin parcouru dans la première seconde, est :

Pour la Terre. . .	$4^m,900$	
Pour le Soleil. . .	139	»
Pour Jupiter . . .	13	»
Pour Neptune. . .	5	390
Pour Saturne . . .	5	340
Pour Uranus . . .	5	145
Pour Vénus . . .	4	459
Pour Mercure. . .	2	499
Pour Mars. . . .	2	450
Pour la Lune . . .	0	799

127. Masse du soleil et des planètes. Le calcul appliqué à la détermination de la masse relative des planètes, en prenant la masse de la terre pour unité, a fourni le tableau suivant :

Masse de la Terre	1
Masse du Soleil	355000
Masse de Jupiter	340
Masse de Saturne	102
Masse de Neptune	25
Masse d'Uranus	15
Masse de Vénus	0,895
Masse de Mars	0,130
Masse de Mercure	0,077
Masse de la Lune	0,01136

On voit par là que la quantité de matière contenue dans le soleil est bien plus considérable que celle qui se trouve dans toutes les planètes réunies.

128. Densité du soleil et des planètes. En partant de la densité connue de la terre pour calculer celle des autres astres, on forme le tableau ci-après :

Densité de la Terre	5,44
Densité de Mercure	6,99
Densité de Mars	5,16
Densité de Vénus	5,02
Densité du Soleil	1,37
Densité de Jupiter	1,29
Densité de Neptune	1,21
Densité d'Uranus	0,98
Densité de Saturne	0,75
Densité de la Lune	3,04

129. Poids des planètes. Rien n'est plus facile que d'obtenir le poids des corps planétaires : il suffit de multiplier leur volume par leur densité. Nous n'entreprendrons pas ces calculs, parce que leurs résultats sont exprimés par des nombres trop considérables.

Néanmoins, comme les poids des planètes sont nécessairement proportionnels aux masses, on comprend que le poids connu de l'une d'elles (la Terre) donnerait le poids de toutes les autres, en multipliant celui-ci par les nombres du tableau n° 127.

130. Chute des planètes sur le soleil. Si les forces qui contre-balancent l'attraction solaire pour maintenir les planètes dans leurs orbites à peu près circulaires, venaient à cesser tout-à-coup, ces planètes se précipiteraient, en ligne droite, sur le soleil, et leur chute s'effectuerait d'après les lois connues de la pesanteur. Or, M. Arago a calculé quelle serait dans ce cas la durée de cette chute pour chaque planète, et en prenant pour unité notre jour moyen, il a dressé le tableau suivant :

Chute de Mercure . . .	15j,6
Chute de Vénus. . . .	39j,7
Chute de la Terre . . .	64j,6
Chute de Mars	121j,5
Chute de Jupiter . . .	766j,8
Chute de Saturne . . .	1900j,6
Chute d'Uranus. . . .	5283
Chute de Neptune . . .	30 ans environ.

131. Pour résumer les données de notre système planétaire, nous avons dressé le tableau synoptique ci-après, dans lequel la terre est prise pour unité.

TABLEAU SYNOPTIQUE DU SYSTÈME PLANÉTAIRE.

NOMS des astres.	DISTANCES moyennes.	Rayons moyens	VOLUMES.	MASSES.	DENSITÉS.	PESANTEUR à la surface.	RÉVOLUTIONS sidérales.	Vitesse DE TRANSLAT. en kilom.	ROTATIONS sur l'axe.	Vit. de rotat. A L'ÉQUATEUR en mètres.	INCLINAISONS des orbites.	Excentricités.
Le Soleil.	0	112,06	1 407 124	335 000	1,37	28,36	0	0	25j,34	2050	0	0
Mercure.	0,3871	0,391	0,060	0,077	6,99	0,51	87j,969	47,77	24h 5m	480	7° 0' 5"	0,20560
Vénus.	0,7233	0,985	0,957	0,895	5,02	0,91	224j,7008	35,50	23h 21m	469	3° 23' 29"	0,00686
La Terre.	1,0000	1,000	1,000	1,000	5,44	1,00	1 an	30,40	23h 56m	463	0	0,01679
Mars.	1,5237	1,519	0,140	0,130	5,16	0,50	1,88	23,88	24h 39m	234	1° 51' 6"	0,09324
Le groupe des pe- tites planètes.	2,20 à 3,20	»	»	»	»	»	3,27 à 5,59	»	»	»	0° 41' à 34° 37'	0,074 à 0,246
Jupiter.	5,2028	11,225	1414,2	340	1,29	2,45	11,86	13,00	9h 53m	12599	1° 18' 52"	0,04816
Saturne.	9,5388	9,022	734,8	102	0,75	1,09	29,46	8,70	10h 16m	9780	2° 29' 36"	0,05615
Uranus.	19,1827	4,344	82,0	15	0,98	1,03	84,02	6,50	»	»	0° 46' 28"	0,04666
Neptune.	30,0400	4,719	110,6	25	1,21	1,10	164,60	5,34	»	»	1° 46' 59"	0,00872
La Lune.	Sa distance à la terre 60 R.	0,27	0,0204	0,01436	3,04	0,163	27j,3216	1,020	27j,3216	0m 474	5° 8' 48"	0,0549

§ II. DES COMÈTES.

Sommaire. — Définitions. — Masse presque nulle des comètes. — Leurs dimensions excessives. — Orbites des comètes. — Comètes périodiques.— Comètes de Halley, de Encke, de Biela et son dédoublement, de Faye, de d'Arrest.

132. Outre les planètes et leurs satellites, il existe dans l'espace une foule d'autres corps soumis à l'action puissante du soleil. De ce nombre sont d'abord les

Fig. 74.

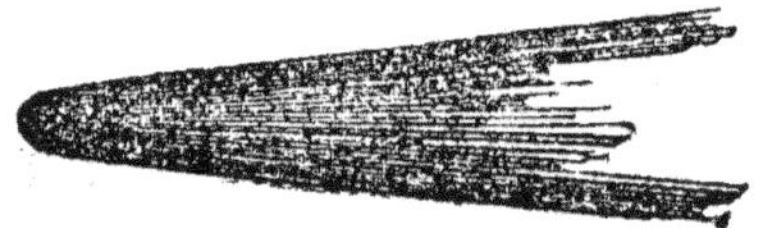

Fig. 75.

Fig. 76.

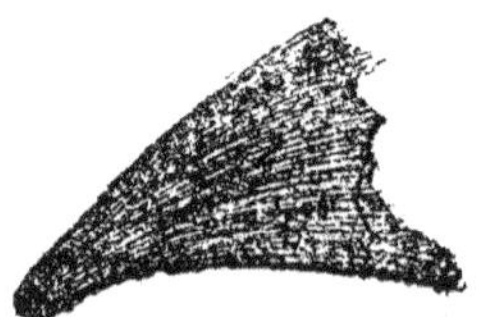

Fig. 77.

comètes, ces astres mystérieux qui parcourent le ciel d'un mouvement rapide, et viennent errer temporairement dans notre voisinage.

Une comète est une sorte de nébulosité composée ordinairement de trois parties caractéristiques qu'on nomme : le *noyau,* la *chevelure* et la *queue.*

Le *noyau* d'une comète est un disque central astériforme dont l'éclat domine le reste de l'astre.

La *chevelure* est une auréole qui entoure le noyau et prend des formes variées.

La *queue* d'une comète est une traînée lumineuse qui se prolonge d'une quantité énorme quelquefois à l'opposite du soleil.

Le noyau et la chevelure réunis composent la *tête* de la comète.

Ces trois parties d'une comète ne sont pas toujours distinctes : il y a des comètes sans queue, d'autres sans chevelure, et on en rencontre même qui ressemblent à des planètes ou à des nébuleuses. On reconnaît les comètes véritables à leur apparition subite, à leur course rapide et à la courte durée de leur présence.

L'aspect des comètes, d'ailleurs, loin d'être invariable, subit des changements continuels. Ces astres, peu apparents d'abord et sans queue, augmentent d'éclat peu à peu ; leurs queues naissent et s'allongent à mesure qu'ils s'approchent du soleil ; enfin, les comètes atteignent leur maximum d'éclat et de développement à leur périhélie. Ensuite il s'opère des changements inverses dans ces astres, et ils diminuent progressivement jusqu'à ce qu'ils disparaissent dans la profondeur des cieux.

La constitution des comètes est peu connue encore, mais elles paraissent d'une nature bien différente de la matière terrestre. La matière cométaire n'est ni solide, ni liquide, ni gazeuse, puisqu'elle ne jouit d'aucun pouvoir réfrigent. Cependant elle obéit aux lois de la gravitation et réfléchit les rayons solaires ; car l'observation prouve que la clarté des comètes est empruntée au soleil. Cette matière vaporeuse est assez transparente pour que les étoiles soient visibles à travers, sans altération, même en face du noyau. On sait de plus qu'elle est d'une densité excessivement faible, puisque la présence d'une comète n'a jamais produit la moindre perturbation sur les planètes.

Pour caractériser la ténuité extrême de la matière cométaire, M. Babinet a poétiquement appelé ces astres des *riens visibles*. Ces riens sont pourtant quelque chose, car ils gravitent autour du soleil, d'après les lois de Kepler.

133. Dimensions des comètes. Si les comètes sont d'une densité inappréciable, elles ont en compensation des dimensions excessives. On a constaté que les noyaux cométaires seuls ont des diamètres de 50, 100, 1000 et jusqu'à 15000 kilomètres ; que les diamètres des têtes sont compris entre vingt mille et deux millions de kilomètres ; enfin, que la longueur des queues atteint quelquefois jusqu'à 250 millions de kilomètres.

134. Orbites des comètes. Les comètes, comme les planètes, décrivent autour du soleil des courbes elliptiques dont cet astre est le foyer commun ; mais les ellipses cométaires sont beaucoup plus excentriques. Il en est même qui sont tellement allongées qu'elles dégénèrent en véritables paraboles ; aussi la durée de la révolution de l'astre est alors incalculable.

Les orbites des comètes ne sont pas renfermées dans la zone zodiacale ; elles prennent, au contraire, toutes les positions autour du soleil, et l'on voit ces astres se mouvoir dans toutes les directions. De plus, les unes tournent dans le sens direct, les autres dans le sens rétrograde.

135. Comètes périodiques. On nomme *comètes périodiques* celles dont on a pu calculer la trajectoire ainsi que la durée de la révolution sidérale, et qui sont venues confirmer l'exactitude du calcul par leur réapparition et leur identité bien constatées.

8

Il semble que toutes les comètes doivent être périodiques, puisqu'elles obéissent à l'attraction solaire et aux lois de Kepler ; mais la constatation du fait est souvent difficile.

La plupart des comètes emploient des siècles à parcourir des orbites excessivement excentriques qui ne nous permettent de voir ces astres qu'aux environs de leur périhélie ; leur aspect varie non-seulement d'un moment à l'autre, mais à chaque révolution ; enfin, leur faible densité les soumet à des perturbations considérables qui déjouent nos calculs.

On comprend, en effet, que certaines comètes dont la distance au soleil, faible au périhélie, devient excessivement grande à l'aphélie, peuvent, à cette limite extrême, être influencées par d'autres centres attractifs, de manière à dévier de leur route et à abandonner pour toujours notre système solaire.

On a des raisons pour croire que le nombre des comètes est excessivement grand, bien qu'on ne compte depuis l'antiquité qu'environ 600 apparitions ou réapparitions de ces astres chevelus. Nos astronomes modernes, en calculant les éléments des comètes pour lesquelles on a eu assez de données, ont établi que, sur ce nombre, 200 apparitions au moins appartiennent à des astres différents. Parmi celles-ci, on n'a catalogué encore que six à huit comètes périodiques. Nous mentionnerons les cinq dont le retour a été constaté.

136. Comète de Halley. En 1682, l'attention des savants fut captivée par une belle comète qui apparut tout à coup, et on s'empressa d'en calculer les éléments, d'après les principes de Newton. L'astronome anglais Halley, en comparant les résultats de ses calculs et de ceux publiés par divers observateurs avec les documents transmis sur d'autres apparitions cométaires, par les astronomes précédents, trouva une telle analogie entre les éléments de cette comète et ceux d'un astre pareil, observé par Kepler en 1607, qu'il soupçonna l'identité de ces deux comètes. Ses doutes s'élevèrent

Fig. 78.

Orbite de Neptune
Orbite d'Uranus
Comète de Halley
Orbite de la
Orbite de Saturne
Orb. de la Terre
Comète de Encke
Orbite de Jupiter

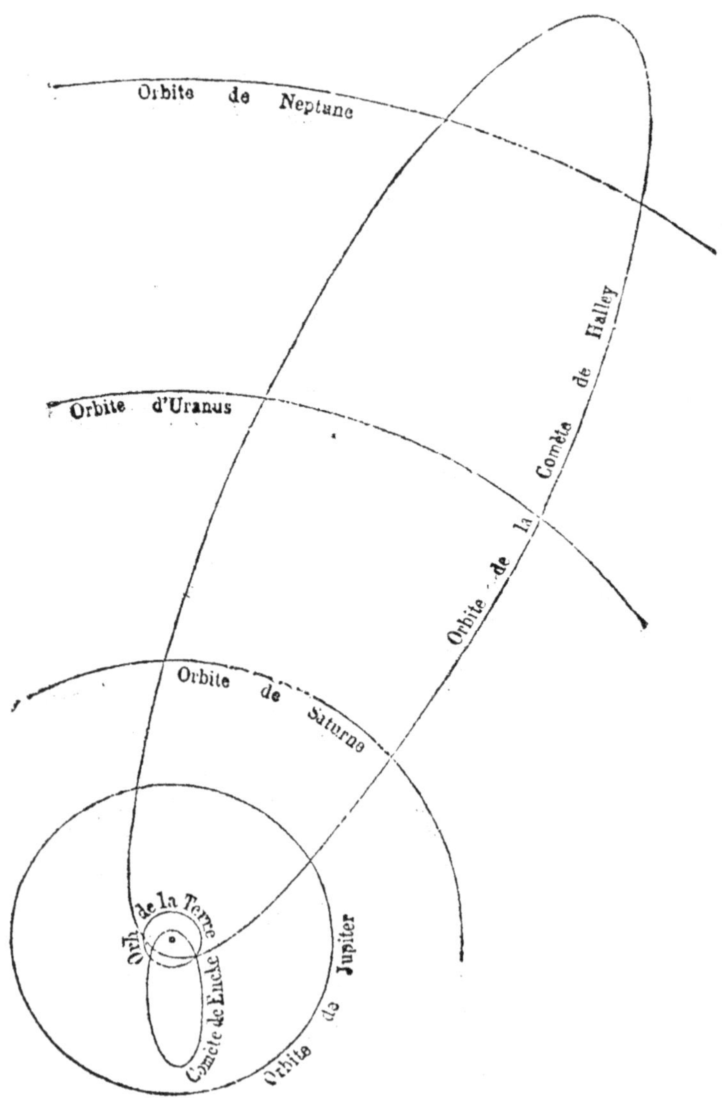

au degré de la certitude, quand des recherches nouvelles lui eurent fait retrouver à peu près les mêmes
éléments dans une autre comète, étudiée en 1531, par
Apion, et qu'il reconnut qu'entre 1682 et 1607 il y
avait le même intervalle de 75 à 76 ans, qu'entre 1607
et 1531.

Dès lors, Halley annonça au monde savant que la
comète de 1682 n'était qu'une réapparition de celle de
1607 et de 1531 ; et il eut la hardiesse de prédire le
retour du même astre pour la fin de 1758 ou le commencement de 1759. Cette prédiction, à 76 ans d'avance,
fit grande sensation, parce qu'on ne soupçonnait pas
alors la périodicité des comètes.

Vers l'époque désignée, notre compatriote Clairant
entreprit des calculs pour préciser la date de la réapparition de la comète de Halley ; et, en tenant compte de
toutes les influences planétaires, il trouva que cet astre
devait passer à son périhélie vers le milieu d'avril 1759.
La science eut encore raison cette fois, et dès le 12
mars 1759, les astronomes eurent la satisfaction de
revoir la comète prédite.

La périodicité de la comète de Halley une fois constatée, on était certain de la voir revenir tous les 76 ans.
M. Arago, dans l'Annuaire de 1834, traça la route que
suivrait cet astre en 1835, depuis les premiers jours
d'août jusqu'en fin décembre. Cette comète reviendra
donc en 1911 ou au commencement de 1912. Dans son
apparition de 1835, elle avait l'aspect de la figure 75.

La comète de Halley subit quelques modifications
dans son aspect et dans la durée de sa course, par suite
de l'influence des planètes ; la moyenne de sa période
est de 76 ans 1 mois.

La figure 78 représente l'orbite très-elliptique de cette
comète, comparativement aux orbites planétaires. Les
calculs les plus précis donnent au grand axe de cette
ellipse une longueur d'environ 36 fois le rayon de l'orbite terrestre, ou bien 35,9, sur laquelle la distance du
foyer à l'un des sommets n'est que de 0,58 ; tandis que
cette distance, pour l'autre sommet, vaut 35,32. Ainsi,

la comète de Halley, près de son périhélie, passe entre la terre et le soleil, et nous la contemplons à l'aise ; mais elle se perd bien au delà de l'orbite de Neptune vers son aphélie. Cette comète se meut dans le sens rétrograde, ou d'orient en occident, dans un plan incliné de 17º 56′ sur celui de l'écliptique.

137. Comète de Encke. M. Pons découvrit à Marseille, en novembre 1818, une comète qu'il signala au bureau des Longitudes. M. Arago trouva que cet astre nouveau avait un rapport intime avec une comète observée en 1805 ; et M. Encke, de Berlin, par des calculs incontestables, démontra que la comète de 1818 était la même que celle de 1805 ; qu'elle exécutait sa révolution périodique dans le bref délai de 3 ans 3 mois et 20 jours, ou dans 1204 jours moyens.

Les réapparitions successives de cette comète ont prouvé l'exactitude des calculs de M. Encke, dont le nom a été attribué à cet astre. Elle passe inaperçue aux yeux du vulgaire, malgré la fréquence de ses retours, parce qu'elle est invisible à l'œil nu.

La comète de Encke se meut dans le sens direct et dans un plan incliné de 13º 10′ sur celui de l'écliptique. Le grand axe de son orbite est de 4,43, le rayon de l'orbite terrestre étant l'unité ; sa distance périhélie vaut 0,337 et sa distance aphélie 4,093. Cette ellipse a un de ses sommets tout près du soleil, et l'autre ne va pas jusqu'à l'orbite de Jupiter, comme on le voit figure 78, où nous l'avons dessinée à la même échelle que l'orbite de la comète de Halley.

138. Comète de Biela ou de Gambart ; son dédoublement. Au commencement de 1826, une comète nouvelle fut aperçue à Johannisberg par M. Biela, et peu après à Marseille par M. Gambart. Ce dernier calcula les éléments de cette comète et prouva sa périodicité.

Il fut reconnu qu'elle avait été observée en 1805 et en 1772, bien qu'invisible à l'œil nu. On lui donna le nom de Biela, mais M. Arago la nomma du nom de son calculateur, Gambart.

Cette comète a un mouvement direct dans une ellipse dont le grand axe vaut 7,049. Sa distance périhélie est 0,8565 et sa distance aphélie 6,1925 ; l'inclinaison du plan de son orbite va en diminuant depuis 1826.

La durée de la révolution sidérale de la comète de Gambart est de 6 ans 62 jours, ou bien de 2417 jours. Elle n'offre pas de queue.

M. Olbers, dans ses calculs sur cette comète, avait annoncé qu'en 1832 elle traverserait l'orbite terrestre, le 29 octobre. On pouvait craindre un choc de la comète avec notre globe, et la terreur se répandit dans le monde, parmi le vulgaire peu au courant de la densité insignifiante de ces astres. Cependant la rencontre n'eut pas lieu.

La comète de Biela ou de Gambart, destinée à nous intriguer, offrit en 1846 le singulier phénomène du *dédoublement*, que les anciens avaient signalé : son noyau se divisa en deux, et l'on eut le spectacle de deux comètes parcourant des routes différentes.

Lors de son retour, en 1852, cette comète ne parut d'abord que d'une seule pièce ; mais le Père Secchi, à Rome, aperçut un petit astre dans le voisinage, qu'on crut être le fragment détaché en 1846.

139. Comète de Faye. Notre habile compatriote, M. Faye, a découvert à Paris, en 1843, la comète qui porte son nom ; il en calcula les éléments et en reconnut la périodicité, qui fut confirmée par la réapparition de cette comète en 1851, au moment indiqué.

Le comète de Faye a un mouvement direct dans une orbite inclinée de 11° 22′ sur le plan de l'écliptique. Le grand axe de cette ellipse est de 7,6 ; sa distance périhélie 1,7 et sa distance aphélie 5,9 ; la durée de sa révolution sidérale est de 7 ans et demi environ, ou mieux de 2718 jours.

140. Comète de d'Arrest. En 1851, M. d'Arrest signala une nouvelle comète comme périodique, et en prédit le retour pour 1857. Cette opinion trouva des contradicteurs ; mais elle en a triomphé. Le 4 décembre de l'année 1857, M. Maclear, au cap de Bonne-Espérance, constata la réapparition de la comète de d'Arrest.

Les astronomes ont noté beaucoup d'autres comètes comme périodiques; mais, dans le nombre, la plupart ont des périodes contenant des centaines d'années et même des centaines de siècles; en sorte que l'avenir seul prononcera.

Parmi les comètes visibles à l'œil nu, la tradition nous en signale de prodigieuses par leur éclat et leur étendue, dont quelques-unes ont été vues en plein midi, et ont effrayé les populations. Le siècle actuel, qui ne s'émeut plus, a été récréé par deux belles apparitions : la comète de 1811, et la comète de Donati, que tout le monde a admirée vers la fin de 1858.

§ III.

AÉROLITHES, ÉTOILES FILANTES ET BOLIDES.

141. On avait classé jusqu'ici au rang des météores les *étoiles filantes* et les *pierres tombées du ciel* ; mais les observations persévérantes de nos savants contemporains ont rattaché ces apparitions au système planétaire.

On nomme *aérolithes* certaines masses solides et pierreuses, évidemment tombées sur terre des espaces aériens.

On appelle *étoiles filantes* ces flèches lumineuses qu'on voit fréquemment, la nuit, tracer sur le ciel, d'un mouvement rapide, une ligne de feu rectiligne et instantanée.

Enfin, on donne le nom de *bolides* à des globes de feu qui apparaissent subitement dans l'air se dirigeant sur le sol, et qui s'éteignent après avoir répandu une grande clarté.

La chute des aérolithes est souvent accompagnée d'une détonation imitant le tonnerre. Ces corps, d'un aspect noirâtre et d'une composition analogue à nos roches, tombent isolés quelquefois ; mais ils constituent, dans d'autres circonstances, une véritable *pluie de pierres*. Les étoiles filantes, excessivement fréquentes, sont silencieuses, et se maintiennent dans les hautes régions. Les bolides, beaucoup plus rares, atteignent souvent le sol en éclatant avec bruit.

On est fondé à regarder ces apparitions météoriformes comme la manifestation d'un même phénomène à divers degrés, et à leur donner une origine commune. On admet l'existence dans l'espace d'un nombre infini de corpuscules circulant autour du soleil ou des planètes, en vertu des lois de la gravitation, et constituant ainsi une foule de petites planètes ou *astéroïdes* invisibles. On suppose que celles qui, se rencontrant sur le passage de la terre, pénètrent dans notre athmosphère, s'enflamment à son contact, et produisent ainsi les étoiles filantes, les bolides ou les aérolithes, selon qu'elles restent dans les régions élevées, ou que, cédant à l'attraction terrestre, elles se precipitent sur le sol.

M. Biot pense que l'existence de ces myriades de corpuscules aériens se rattache à la *lumière zodiacale.*

M. Coulvier-Gravier, cet observateur modèle qui consacre ses veilles à l'étude des étoiles filantes, nous apprendra bientôt la nature définitive de ces apparitions surprenantes.

On rencontre dans l'histoire de tous les peuples la mention de pierres tombées du ciel, de pluies de pierres ; mais on n'osait croire à ces traditions, dans ce siècle sceptique, lorsque le 26 avril 1803 de nombreux témoins constatèrent une pluie de pierres tombées à l'Aigle (département de l'Orne). Dès lors la chute des aérolithes ne put être révoquée en doute. D'ailleurs, on a vu ce phénomène se renouveler bien des fois depuis cette époque.

M. Arago a recueilli dans les auteurs sacrés et profanes, depuis 1478 avant Jésus-Christ jusqu'en l'année 1847 de notre ère, plus de trois cents cas de ces chutes de pierres bien constatés. Il a noté, en outre, un bien plus grand nombre d'apparitions de bolides ou globes de feu, dont quelques-uns ont occasionné des incendies. Parmi les aérolithes, notre illustre maître en signale du poids de 20, 30, 50, 100 et jusqu'à 750 kilogrammes.

Il faut noter que l'immense majorité de ces phénomènes s'opèrent inaperçus au milieu des mers.

142. Système solaire. On désigne par l'expression de *système solaire* l'ensemble de tous les corps, de quelque nature qu'ils soient, qui circulent dans la sphère d'activité du soleil, depuis les planètes et les comètes jusqu'aux aérolithes.

PROBLEMES DU LIVRE V.

PROBLÈME I.

Exprimer en kilomètres les distances moyennes des planètes au soleil.

La solution de ce problème consiste à multiplier les rapports contenus dans la 1re colonne du tableau synoptique, page 166, par le rayon moyen de l'orbite terrestre, évalué à 152784000 kilomètres (no 67); et l'on trouve, pour ne citer que les valeurs extrêmes, que Mercure est à une distance moyenne du soleil de 59142680 kilom., et que la distance de Neptune égale 4589631300 kilom.

PROBLÈME II.

Calculer les distances, maximum et minimum, des planètes à la terre.

Les distances des planètes à la terre sont très-variables, à cause de la translation de ces astres, entre le maximum qui a lieu aux conjonctions et le minimum correspondant aux oppositions. Or, l'inspection de la figure 64 prouve que ces limites extrêmes ont une différence marquée par le diamètre de l'orbite de la planète, si elle est inférieure, ou bien par le diamètre de l'orbite terrestre, si la planète que l'on considère est supérieure.

8 *

D'après cela, on trouve que les distances des planètes à la terre varient en nombre ronds :

Pour Mercure, entre	93 et	212	millions de kilomètres.
Pour Vénus,	42	263	—
Pour Mars,	80	385	—
Pour Jupiter,	642	947	—
Pour Saturne,	1304	1610	—
Pour Uranus,	2778	3080	—
Pour Neptune,	4436	4742	—

PROBLÈME III.

Déterminer le nombre de jours effectifs dont se compose l'année de chaque planète.

L'*année* d'une planète est le temps qu'elle emploie à parcourir son orbite, et le *jour* pour ces astres est la durée de la rotation sur l'axe. Ces valeurs, consignées dans le tableau de la page 166, y sont exprimées en fonction de nos jours terrestres ; et, bien que cette unité ne convienne pas aux autres planètes, il suffit de diviser l'année ou la révolution sidérale d'une planète par sa rotation sur l'axe pour répondre à la question proposée.

Ainsi, pour calculer le nombre de jours effectifs dont se compose l'année de Jupiter, on divisera la durée de sa translation 11,86 par celle de sa rotation 9 h. 55 m. Or, après avoir ramené ces nombres à la même unité, c'est-à-dire en jours et fractions décimales du jour, on obtient 4332,5848 pour dividende, 1,00347 pour diviseur et 10485,442 pour quotient ; ce qui prouve que, sur Jupiter, l'année vraie contient 10485 jours et demi à peu près.

PROBLÈME IV.

Faire apprécier les volumes, les distances et les mouvements relatifs des planètes par des comparaisons matérielles.

1° *Rapport des volumes.* On sait, par expérience, qu'un hectolitre de blé du midi de la France, ou un sac, contient environ un million et demi de grains ; si nous prenons donc un seul grain de blé pour représenter le volume de la terre, nous aurons le volume comparatif du soleil dans un hectolitre du même blé.

A ce compte, le volume de Jupiter serait celui de 1414 grains de blé, ou d'un décilitre à peu près, et la somme des volumes des huit grandes planètes, équivalente à 2344 grains, serait représentée par la quantité de cette marchandise que les deux mains réunies peuvent en puiser sur un tas.

2° *Rapport des distances.* Les distances s'apprécient par les temps employés à les parcourir. Or, on sait qu'un boulet de canon, lancé par une pièce de 24, parcourt 390 à 400 mètres pendant la première seconde ; ainsi ce projectile aurait une vitesse constante de 400×60, ou bien de 24 kilomètres par minute, s'il conservait la rapidité de sa course initiale. Cette vitesse vaudrait 24 fois celle d'une locomotive. [1]

Dans cette hypothèse, et en comparant la course de ce boulet avec les distances des planètes au soleil (tableau synoptique), on trouvera que notre mobile, qui irait de Paris à Marseille en demi-heure, emploierait plus de douze ans pour franchir la distance de la terre au soleil (12 ans 15 jours) ; qu'il mettrait $12 \times 5,2$, ou bien 63 ans, pour aller du soleil à Jupiter, et qu'il ne lui faudrait pas moins de 360 années pour parcourir le rayon vecteur de Neptune.

3° *Rapport des vitesses de rotation et de translation.* En évaluant les mouvements relatifs des planètes avec la même unité balistique, on est conduit aux résultats suivants :

La vitesse de rotation en un point de l'équateur des planètes est : pour Mercure, les 9|20 de celle de notre boulet de canon ; pour la Terre, une fois et un quart ; pour Jupiter, 31 fois 1|2 ; tandis que la vitesse de translation des planètes dans leurs orbites équivaut à 120 fois celle du boulet de canon pour Mercure, qui vogue le plus rapidement ; à 76 fois pour la Terre ; à 32 fois 1|2 pour Jupiter, et à 14 fois pour Neptune, qui se meut le plus lentement.

PROBLÈME V.

Dépeindre le système du monde vu d'une station autre que la terre.

Le seul point de l'espace d'où nous pussions voir le système planétaire sous son véritable aspect, c'est le centre du soleil. Là plus d'illusions, plus de mouvements apparents ; mais aussi le spectacle serait peu varié. Pour cette station, la voûte étoilée conserve une immobilité complète, et les corps planétaires, parcourant leurs orbites d'un mouvement uniforme, dans le même sens et avec les vitesses respectives que nous leur connaissons, animeraient seuls le tableau.

Mais, dans l'hypothèse qu'un spectateur pût habiter le soleil sans en être ébloui, c'est à la surface de l'astre qu'il serait placé, et non au centre. Pour lui, dès lors, la sphère céleste ne serait plus en repos ; car la rotation qu'exécute le globe solaire sur son axe, dans l'intervalle de 25 jours 1|3, se traduirait en un mouvement en sens contraire du ciel étoilé. Les planètes aussi partageraient ce mouvement apparent.

Remarquons d'ailleurs que le spectateur solaire, toujours dans la clarté, serait privé des alternatives de jour et de nuit.

Engageons donc notre amateur à quitter cette station monotone, quoique brillante, pour se transporter sur une planète. Là il retrouvera un spectacle analogue à celui dont nous jouissons sur terre, mais modifié suivant les lieux.

S'il arrive, par exemple, sur Jupiter, dont la rotation sur l'axe n'est que de 9 h. 55 m., l'observateur verra tourner le firmament avec une vitesse excessive, et les successions rapides des jours et des nuits ayant moins de cinq heures d'intervalles, ne lui donneront pas le temps de respirer.

Par contre, son année, douze fois plus longue que la nôtre, sera interminable, et le soleil, dans sa course à travers les constellations zodiacales, paraîtra presque stationnaire. Heureusement que cette planète jouit d'un printemps perpétuel, à cause de l'inclinaison insignifiante de son axe sur le plan de son orbite. Mais, quel printemps ! quand on pense que la chaleur et la lumière solaires sont 27 fois plus faibles que celles que nous éprouvons sur terre, et, qu'en outre, leurs effets seront mitigés par des vents d'une violence dont nous n'avons pas d'idée.

Si notre observateur passait de Jupiter sur Saturne, il y trouverait un climat beaucoup plus rigoureux ; mais combien plus magnifique serait l'aspect du ciel dont il jouirait ! L'anneau de Saturne, espèce d'équateur céleste matériel, dérobe constamment la vue d'une partie du firmament, suivant une zone qui change de place avec la latitude et que l'écliptique saturnien coupe en deux points. Cet anneau et les 8 lunes qui l'accompagnent rendraient le phénomène des éclipses très-fréquent sur Saturne et procureraient des jouissances permanentes. En présence du luxe de décoration accordé à Saturne, que penserait-on de notre globule terrestre, auquel Dieu, par charité, a fait l'octroi d'une seule petite lune ! C'est à prendre en pitié !

Pousserons-nous plus loin cette excursion transplanétaire ? Irions-nous sur Neptune, cette terre glacée vers laquelle le soleil ne peut projeter qu'un jour incertain, un faible crépuscule ? Il n'y a rien là d'intéressant à voir. Ou bien, revenant sur nos pas, aborderions-nous Mars ou Vénus, nos voisins ? Peine inutile : le spectacle sur ces planètes ne diffère pas assez du nôtre. Enfin, la petite planète Mercure, quelque curieuse qu'elle puisse être, est trop éblouissante et trop chaude pour nos faibles organes.

A tout considérer, nous conseillons au lecteur de se reposer sur notre globe, et de remercier la bonté divine de le lui avoir donné pour demeure, en attendant mieux.

EXERCICES.

1. Dénommer les planètes dans l'ordre de leur distance au soleil.

2. Indiquer la planète la plus volumineuse; celle qui tourne le plus rapidement sur elle-même ; ainsi que celle dont le mouvement de translation est le plus considérable.

3. Quel serait le diamètre apparent du soleil vu de Neptune ?

4. Calculer le poids de la planète Jupiter, exprimé en kilogrammes.

5. Exprimer, en kilomètres, la distance de Saturne au soleil.

6. Quel temps emploierait une locomotive, faisant un kilomètre la minute, pour aller de la terre au soleil ?

7. Sachant que la lumière parcourt 308300 kilomètres par seconde, on demande de calculer le temps qu'emploie la lumière solaire pour arriver à la planète Neptune.

8. Quelles sont les parties constitutives d'une comète ?

9. Qu'entend-on par une comète périodique ?

10. Indiquer la durée des révolutions des cinq comètes périodiques bien connues.

11. Les pluies de pierres sont-elles une réalité ?

LIVRE VI.

ÉTOILES FIXES.
CONSTITUTION GÉNÉRALE DE L'UNIVERS.

Sommaire. — Parallaxe et distance des étoiles. — Leur clarté. — Leurs dimensions. — Pluralité des systèmes solaires. — Le monde en miniature.

143. On a donné la qualification d'*étoiles fixes* à cette foule d'astres brillants qui peuplent le ciel et y paraissent immobiles. Nous n'avons pu, dans le 1er livre, étudier le firmament que sous son aspect superficiel de sphère céleste ; mais il nous est permis aujourd'hui d'aborder les grandes questions que suggèrent ces myriades de points étincelants.

Qu'est-ce que les étoiles fixes ? à quelles distances sont-elles de nous ? leur fixité est-elle réelle ou apparente ? leur vif éclat est-il dû à leur propre lumière, ou à une lumière d'emprunt ?

144. **Distance des étoiles à la terre.** Le seul moyen d'apprécier la distance qui nous sépare des étoiles, c'est de déterminer leur *parallaxe*, comme nous l'avons dit pour le soleil (n° 57) ; mais le problème ici est difficile.

Quand nous portons nos regards vers une étoile E (*fig.* 79), pendant que nous occupons le point A de l'orbite terrestre ATB, nous voyons cet astre se projeter sur le ciel en *a* ; six mois après, le même astre E se projettera en *b*, alors que la terre sera arrivée au point B diamétralement opposé au point de départ A. Ainsi, l'étoile semblera décrire dans le ciel une certaine route

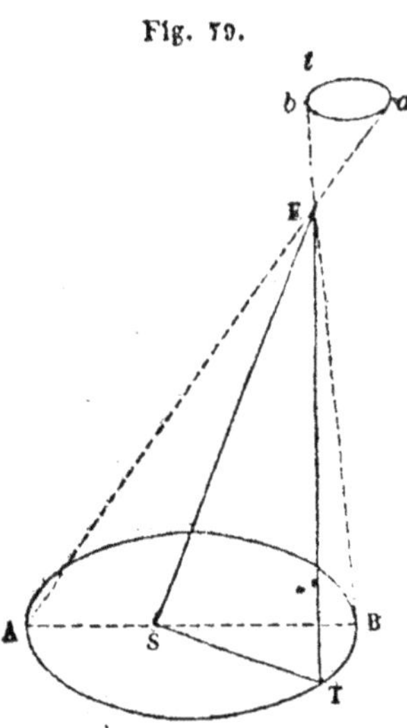

Fig. 70.

atb pendant que la terre parcourt en réalité son orbite ATB. Ce déplacement apparent constitue ce qu'on nomme la *parallaxe des étoiles*, dont la valeur maximum est l'angle *aEb* ou son égal AEB. Mais les astronomes sont convenus de ne prendre que la moitié de cette valeur, ou la parallaxe SET qu'offrirait une étoile E vue successivement du soleil et de la terre, et pour désigner cet angle, on l'a nommé la *parallaxe annuelle* des étoiles.

On peut donc définir la parallaxe d'une étoile : *l'anrestre*; ou encore, la distance angulaire maximum que ce spectateur jugerait exister entre la terre et le soleil.

La valeur de la parallaxe annuelle d'une étoile, ou l'angle SET, est d'autant moindre que l'étoile se trouve plus éloignée ; mais dans tous les cas elle est excessivement petite, et partant fort difficile à déterminer. Aussi, la solution de ce grand problème a occupé bien des astronomes habiles qui, ayant épuisé vainement leurs veilles et leur sagacité, ont été contraints à le regarder comme insoluble jusqu'en 1838.

A cette époque, M. Bessel, directeur de l'Observatoire de Kœnigsberg, dont l'esprit opiniâtre ne se tenait pas pour battu, malgré les années écoulées dans des recherches infructueuses, eut le bonheur de remarquer qu'une petite étoile de 6ᵉ grandeur, cataloguée sous le nᵒ 61 de la constellation du Cygne, s'avançait et s'éloignait périodiquement, chaque année, de deux autres étoiles voisines qui conservaient entre elles une distance angulaire constante. C'est que ces deux étoiles, beaucoup plus éloignées que la 61e du Cygne, rendaient manifeste la parallaxe de celle-ci. Bessel comprit l'importance de sa découverte ; et, redoublant de soin, il parvint à trouver que la parallaxe de cette 61e étoile du Cygne a une valeur angulaire peu supérieure à un tiers de seconde, ou bien égale à 0″,35.

Cette donnée était suffisante désormais pour apprécier la distance de cette étoile à la terre, conformément au principe établi (no 57) : il ne restait plus qu'à diviser le nombre 206265 par la parallaxe 0,35 ; et le quotient 590000, en nombre rond, indiqua que la 61e étoile du Cygne est à une distance 590000 fois plus grande que la distance moyenne de la terre au soleil, ce qui donne en kilomètres

$$590000 \times 24000 \times 6366 = 90\,142\,250\,000\,000.$$

Pour comprendre l'énormité de cette distance de 90 trillions de kilomètres, il faut l'évaluer autrement : on sait que la lumière parcourt 308300 kilomètres par seconde et qu'elle nous arrive du soleil en 8 minutes 16 secondes ; or, on trouve que cette lumière emploierait environ 9 ans pour nous parvenir de l'étoile du Cygne.

Le procédé de Bessel a permis de mesurer les parallaxes de beaucoup d'autres étoiles ; nous allons faire connaître quelques résultats :

Noms des étoiles.	Parallaxe.	Distance à la terre.	Course de la lumière.
α du Centaure,	0″,91	227000	3 ans ½.
Sirius,	0,23	900000	14
Wega,	0,22	980000	15
Arcturus,	0,13	1600000	25
La Polaire,	0,11	1900000	30
La Chèvre,	0,05	4120000	65

L'étoile principale du Centaure est la plus belle du ciel, car son éclat surpasse celui de Sirius ; mais elle est invisible de notre hémisphère. Quoi qu'il en soit, le tableau précédent prouve que cette belle étoile du Centaure est la plus rapprochée de la terre, mais que les distances des étoiles ne sont pas en rapport de leurs grandeurs apparentes, comme on avait pu le croire.

Les valeurs précédentes, quoique excessives, sont peu de chose en comparaison de la distance qui nous sépare des étoiles télescopiques ; que sera-ce donc pour les astres perdus dans les profondeurs de l'espace ! C'est à effrayer l'imagination.

145. Les étoiles fixes sont des soleils. La lumière des étoiles ne peut pas être une lumière d'emprunt, comme celle des planètes ; si leur éclat était de la lumière solaire réfléchie, elles seraient d'autant plus brillantes que leur distance à la terre serait moindre, et le tableau précédent prouve le contraire.

D'ailleurs, quand on pense que les dernières planètes de notre système sont invisibles à l'œil nu, c'est-à-dire que la lumière solaire qu'elles nous réfléchissent s'éteint dans un parcours de 3 à 4 heures, comment admettre que des astres situés à des distances fabuleuses puissent nous transmettre une clarté analogue qui aurait fait route pendant des siècles ?

Les étoiles sont donc des corps lumineux par eux-mêmes ; ce sont de véritables soleils.

146. Dimensions des étoiles. La distance connue des étoiles donnerait leurs dimensions, si l'on pouvait mesurer leur diamètre apparant. Bien des astronomes l'ont tenté, et M. Herschel a cru pouvoir évaluer quelques-uns de ces diamètres, au moins approximativement, entre autres Wega, dont le diamètre lui parut être de $0'',36$. Quoi qu'il en soit, voici un terme de comparaison :

Le diamètre de notre soleil nous apparaît sous un angle de $1920''$ ou soit 2000 secondes, et ce diamètre apparent serait réduit à une seconde si l'astre du jour était transporté à une distance deux mille fois plus grande ; pour que ce diamètre descendît à un tiers de seconde, comme celui de Wega, il faudrait donc que notre soleil s'éloignât de six mille fois sa distance actuelle. Or, cet éloignement n'est que la 160e partie de la distance trouvée entre la terre et Wega ; ainsi notre soleil, transporté vers cette étoile de la constellation de la Lyre, ne nous apparaîtrait que comme une étoile de 6e grandeur.

Nous avons là une preuve que les étoiles de 1re et 2e grandeur sont des soleils bien plus volumineux que celui qui nous éclaire.

147. Pluralité des systèmes solaires. La multiplicité des soleils démontrée implique nécessairement la multiplicité des systèmes solaires. Nous devons donc regarder les milliards d'astres incandescents qui peuplent l'espace comme des globes analogues à notre soleil, dont chacun est le centre attractif d'un système planétaire analogue à celui qui nous entoure.

À part l'analogie, notre conviction à cet égard doit résulter surtout de l'idée grandiose que nous devons nous faire du Créateur. À quoi bon ces soleils innombrables situés à des distances incommensurables les uns des autres, s'ils n'ont pas des mondes à éclairer et à vivifier ? Dira-t-on qu'ils sont destinés à récréer nos regards et à embellir notre paysage ? Cette opinion n'est plus soutenable depuis que le télescope a démontré que l'immense majorité des étoiles sont invisibles et non avenues pour nous.

Quelle raison aurait-on, d'ailleurs, de restreindre l'existence des planètes, des comètes et des aérolithes, dans le coin imperceptible qu'occupe notre système dans l'univers entier ? Ce qui caractérise les lois divines, c'est leur universalité.

Au reste, sans aborder ces grandes discussions, nous devons nous en référer au *système du monde* de notre illustre compatriote Laplace, dont les théories ont eu le bonheur d'être confirmées par toutes les découvertes que les astronomes ont faites depuis lors, ainsi que par les recherches de la géologie, science toute nouvelle.

Néanmoins, nous devons terminer par une réflexion qui se présente naturellement à l'esprit : les planètes qui nous entourent, comme toutes celles qui composent, innombrables, les autres systèmes solaires, sont-elles peuplées d'êtres organisés propres à ces divers climats ? Oui, sans doute ; car la négative offenserait la logique, et surtout la puissance et la justice du Créateur.

N'est-il pas évident que la vie est une des lois générales que Dieu a établies dans l'univers entier ? que l'organisation sur les corps célestes est une conséquence de leur création ? Voyez avec quelle obstination la vie s'implante dans tous les recoins de notre globe ! avec quelle profusion les espèces végétales et animales se reproduisent et se modifient, selon les climats, depuis les glaciers de nos plus hautes montagnes jusqu'au fond des mers !

Comment ! quand tout s'anime et tout pullule autour de moi ; quand chaque plante, chaque animal, dans leurs variétés innombrables, est assailli par des parasites qui nourrissent eux mêmes d'autres parasites ; quand je ne puis remuer le sol, soulever une pierre, heurter un tas de boue, faire un geste, sans troubler mille existences, je pourrais supposer que toutes les autres planètes, privées de ces faveurs divines, errent, stériles et brutes, dans une mort éternelle ?

Mais quel vaste champ s'ouvre aux conjectures, aux hypothèses, aux réflexions, dès qu'on s'arrête à l'idée d'une nature vivante sur chaque planète ! C'est à en prendre le vertige.

O ! mon Dieu, que vous êtes grand, et que nous sommes atomes infimes ! Mais combien grands aussi doivent être notre amour et notre reconnaissance, puisque vous avez déposé en nous une émanation de votre intelligence qui nous permet de comprendre vos attributs et d'admirer vos merveilles !

LE MONDE EN MINIATURE.

Pour résumer notre exposition, nous allons donner une représentation palpable du système du monde, en prenant des objets matériels à notre portée.

Les globes, employés dans l'enseignement pour représenter la terre et le ciel, sont de plusieurs dimensions : les moyens ont 22 centimètres de diamètre, les grands 27 centimètres ; c'est un de ces derniers que nous prendrons pour le globe terrestre. En partant de cette unité et en faisant subir une réduction proportionnelle aux diamètres et aux distances des autres astres, nous dresserons le tableau suivant :

Noms des astres.	Diamètres.	Distances au soleil.
Le Soleil,	30 mètres.	0 kilom.
Mercure,	$0^m,10$	1,25
Vénus,	0,26	2,34
La Terre,	0,27	3,24
Mars,	0,14	4,93
Les petites planètes,	inconnu.	entre 7,15 et 10,40
Jupiter,	3,00	16,90
Saturne,	2,41	30,90
Uranus,	1,16	62,20
Neptune,	1,26	97,33
La Lune,	0,043	à $16^m,2$ de la terre.

Ainsi, la terre et la planète Vénus étant réduites à une des sphères qui nous servent en classe, nous trouverons la représentation proportionnelle de Mercure dans une belle orange, celle de Mars dans un de ces globes en cristal qui surmontent nos lampes ; tandis que le globe de Jupiter, réduit à 3 mètres, remplirait l'arceau d'une grande porte-remise ; que celui de Saturne, débarrassé de son anneau, entrerait à peine par la porte cochère d'un hôtel ; que Neptune et Uranus ne passeraient pas à travers nos grandes fenêtres ; et que la lune serait ramenée à une petite boule de billard.

Mais à ce compte, dira-t-on, par quoi représenterons-nous le globe colossal du soleil ? Nous l'avons à Paris dans le dôme des Invalides, dont le diamètre extérieur est de 30 mètres au moins.

Ce dôme étant pris pour le soleil, nous admettrons, de plus, que l'horizon de Paris soit le plan de l'écliptique, et nous disposerons autour de ce monument les effigies des planètes, en conservant les distances et les volumes indiqués par le tableau précédent.

A cet effet, nous placerons l'orange, représentant Mercure, à 1250 mètres de la coupole des Invalides, ou bien, sur la porte orientale du Palais de l'Industrie.

Le globe simulant la planète Vénus, devant être à 2340 mètres de notre monument, sera déposé sur l'arc de triomphe de l'Étoile.

Notre globe terrestre, dont la distance au dôme doit être de 3240 mètres, sera transporté sur la porte Saint-Denis.

Pour simuler la lune, il faudra placer la petite bille en ivoire à 16 mètres du globe terrestre.

La planète Mars devra être déposée au pont de Bercy, à 5 kilomètres des Invalides.

Le groupe des petites planètes déterminera, autour du dôme, une couronne circulaire dont les rayons seront de 7 et de 10 kilomètres environ, et qui s'étendra de Saint-Ouen à Saint-Denis.

Le globe de 3 mètres, représentant la grande planète Jupiter, sera transporté à Saint-Germain, à 17 kilomètres en ligne droite du dôme des Invalides.

Enfin, le globe simulant Saturne devra être déposé sur la Seine, à 3 kilomètres en amont de Corbeil; celui d'Uranus, à 5 kilomètres, au delà de Fontainebleau, et l'effigie de Neptune, à Sens.

La comète de Halley, dans son périhélie, devra s'approcher jusqu'à 1880 mètres du dôme des Invalides, et s'en éloigner de 114 kilomètres ⅓ à son aphélie : l'ellipse décrite par cette comète aurait donc un sommet sur la colonne Vendôme et l'autre près d'Orléans.

Nous voici bien loin de notre soleil artificiel avant d'avoir rattaché les étoiles fixes à notre monde en miniature. Or, nous avons vu (n° 144) que l'étoile la plus rapprochée de nous, α du Centaure, est à une distance égale à 227000 fois le rayon de l'orbite terrestre; ainsi le corps qui représenterait cette étoile devrait être éloigné du dôme des Invalides d'un nombre de mètres marqué par le produit 3240 × 227000, c'est-à-dire par 735 480 kilomètres. Cette valeur, égale à plus de 100 fois le rayon réel du globe terrestre, transporterait l'effigie de l'étoile indiquée à une distance presque double de celle qui nous sépare de la lune.

D'après cela, la série des étoiles visibles à l'œil nu ne serait pas épuisée que les limites de notre monde en miniature s'étendaient au delà du soleil. Que serait-ce pour les étoiles télescopiques et pour celles qui occupent les confins de l'espace?

Notre système solaire est donc réellement un infiniment petit dans l'univers, puisque la réduction infinie que nous venons de faire subir à ses dimensions ne nous empêche pas d'arriver à des évaluations incommensurables pour les distances proportionnelles des étoiles.

FIN.

TABLE DES MATIÈRES.

LIVRE IV. — De la Lune.